世界一シンプルな進化論講義

生命・ヒト・生物——進化をめぐる６つの問い

更科 功　著

ブルーバックス

カバー装幀／五十嵐 徹（芦澤泰偉事務所）
カバーイラスト／岡田 里
本文・目次デザイン／浅妻健司
本文図版／酒井 春

まえがき

もう何十年も前の話だが、私がまだ学生だったころ、ヒトの祖先はネアンデルタール人だと教わった。しかし、今ではその説は間違いで、ヒトとネアンデルタール人は同じ時代に重なって生きていた人類種だとわかっている。おそらく、どちらの種もハイデルベルク人から進化した、いわば姉妹のような関係の種なのである。

この、ネアンデルタール人が私たちの祖先だという考えが間違いであることは、一般に広く認められるようになったと思う。その一方で、進化論に関しては、未だに間違った考えがたくさん流布している。たとえば、「生物は進化することによって進歩していく」とか「進化には長大な時間がかかるので、私たちは進化を目の当たりにすることは不可能である」とかいった考えだ。これらの誤解について、なるべく簡単に、なるべくわかりやすく説明することが、本書の目標の一つである。

本書のもう一つの目標は、わかっているけれど理由を説明できないことを説明することだ。たとえば、生物が進化することを信じない人は、私の周りにほとんどいない。でも、本当に生物って、進化するのだろうか。だって、私が幼いころに動物園で見たシマウマと、人生の下り坂にいる今の私が動物園で見るシマウマの間には、何の違いもない。生物が進化するなんて、嘘ではないのか。

もちろん、生物が進化することは、疑う余地のない科学的事実である（と私は考えている）。でも、生物が進化することは、どうしてわかるのか。また、生物は、なぜ進化するのか。そういうことを、たとえば子どもに訊かれたときに、適切に答えることはけっこう難しい。そこまで大きな問いでなくとも、進化に関連した現象で、説明することが難しいものはたくさんある。それらの問いについて、なるべく簡単に、なるべくわかりやすく説明することが、本書のもう一つの目標だ。

これらの目標とは別に、本書にはもう一つ特徴がある。それは、ダーウィンについての態度である。私はダーウィンを歴史上もっとも偉大な生物学者であると考えているけれど、だからといってダーウィンの言ったことがすべて正しいと考えているわけではない。それどころか、ダーウィンの言ったことには、間違いが山ほどある。ところが類書の中には、ダーウィンを崇拝しているためか、ダーウィンの間違いを指摘するときに、奥歯にものが挟まったような言い方をすることが多い。しかし、本書では、間違いは間違いとして、はっきりと指摘することを心掛けた。もっとも、私がいくらダーウィンを批判したところで、ダーウィンの偉大さは微塵も揺るがないので、私としても安心してダーウィンを批判することができた。

本書の文章は、講談社のウェブマガジンである「現代ビジネス」に連載していたものの中から上記の意向に沿い、また一般に興味深いと思われる文章を選び、それに加筆修正したものである。話題は多岐にわたるが、それぞれが３０００字程度の読み切りの文章なので、気軽に読めるのではないかと思う。楽しんで頂けたら幸いである。

もくじ

第3講義

さまざまな生物から進化を考える

第4講義

遺伝子からみた進化論

ヒトはいかに誕生したのか

第5講義
さまざまな生命現象と進化論

第6講義　ヒトをめぐる進化論

第1講義

進化とはなにか

『種の起源』をめぐる冒険

『種の起源』はいかに受け入れられたのか

欧米でも日本でも、科学とキリスト教は対立してきた、というイメージが強い。そして、ダーウィンが生きていた19世紀のイギリスは、両者が対立していた典型的な時代とされることも多い。しかし、そういうイメージは本当に正しいのだろうか。

たとえば、「地質学的な証拠はノアの洪水が起きたことを示している」とか、「すべての生物は神の創造物であって進化などしない」とかいった考えは、19世紀のイギリスではありふれたものだった。しかし、これらの主張を攻撃したのは科学者で、擁護したのがイングランド国教会の聖職者だった、というイメージは正しくない。実際には、これらの主張を攻撃したのも擁護したのも、イングランド国教会の聖職者だったのである。

ペイリーの『自然神学』

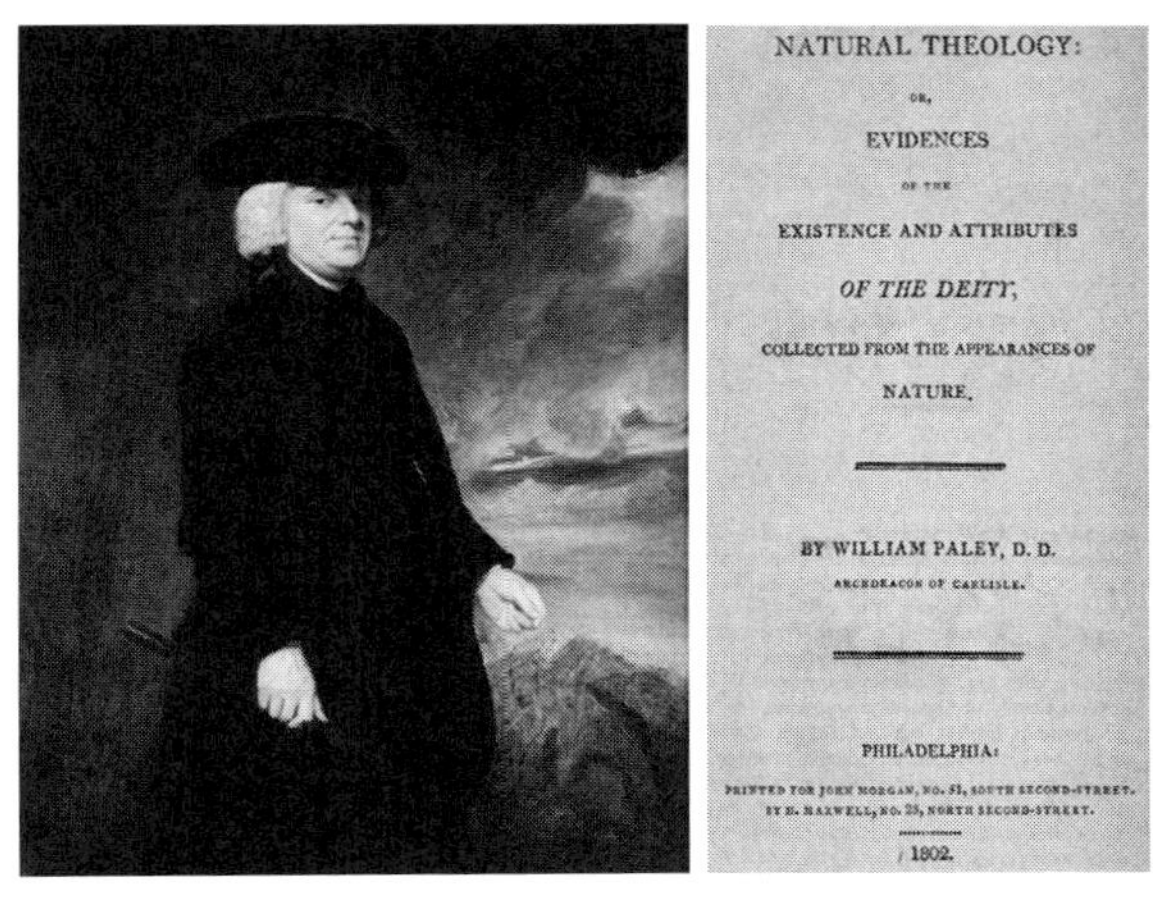

図1－1　左・ウィリアム・ペイリー（National Portrait Gallery）、右・『自然神学：自然界に観察される神の存在と特性についての証拠』のタイトルページ（1802年、アメリカ版、Philadelphia）

ウィリアム・ペイリー（1743－1805）は、イギリスのノーサンプトンシャーで生まれた。父親が校長をしていたグラマースクールで学んだ後、ケンブリッジ大学のクライスツカレッジに入学し、1763年に優等卒業試験の最優秀合格者として卒業した。そして、1765年以降は、イングランド国教会のいくつかの聖職を歴任することになる。

ペイリーにはいくつかの著作があるが、どれも明瞭でわかりやすいことで知られている。もっとも有名なのは1802年に出版された『自然神学：自然界に観察される神の存在と特性についての証拠』である。

この本のタイトルになっている自然神学という言葉は、時代や場所によって少し意味が変わるのでややこしいが、19世紀のイギリスでは「理性や自然界の事実に基づく神学」という定義でよいだろう。このペイリーの著作は、自然神学の標準的な教科書となり、ダーウィンをはじめ多くの著名人に大きな影響を与えたのである。

この『自然神学』の冒頭には、有名な「時計の比喩」が書かれている。それはだいたい次のような内容である。

この世界は誰がデザインしたのか……造物主としての神

野原に転がっている石について、どうしてそこに石があるのかと問われたなら、ずっと前から、ただそこにあったのだろうと答えるかもしれない。しかし、野原に時計が落ちているのを見つけたときには、そうは答えないだろう。なぜなら、時計の内部には、精密に作られた歯車やバネがあって、それらが複雑に組み合わされているからだ。時計は、あきらかに時を刻むという目的のためにデザインされている。つまり時計をデザインした者がいたということだ。(『自然神学：自然界に観察される神の存在と特性についての証拠』William Paley著、筆者要約)

自然に目を向ければ、眼や翼など、特定の目的のためにデザインされたとしか考えられないものがたくさん存在している。しかも、自然界のデザインは計り知れないほど偉大で豊富である。こんなことを成し遂げたデザイナーは神しか考えられない、とペイリーは言うのである。

もっとも、この「時計の比喩」はペイリーのオリジナルではない。共和政ローマの哲学者、マルクス・トゥッリウス・キケロ（紀元前106-紀元前43）や、イギリスの博物学者、ジョン・レイ（1627-1705）や、気体の体積と圧力は反比例するというボイルの法則で有名な化学者、ロバート・ボイル（1627-1691）なども「時計の比喩」を使っている（ただし、キケロの場合の時計は日時計や水時計である）。それでも、「時計の比喩」といえばペイリーが有名なのは、文章がうまくて印象的だったからだろう。

このような、生物に見られる合目的的なデザインの他に、アイザック・ニュートン（1642-1727）によって示された天体の秩序だった運動なども含めて、それらの現象に造物主としての神の存在を感じる人が、当時のイギリスには多かったのである。

図１－２
ウィリアム・バックランド

ノアの洪水伝説と地質学

19世紀のイギリスでは、地質学が盛んであった。最初はドイツやフランスの地質学に遅れを取っていたものの、1840年ごろからは世界の地質学をリードするようになった。このようなイギリスの地質学の基礎を築いたのが、ウィリアム・バックランド（1784－1856）だった。

　バックランドはイギリスのデヴォンで生まれ、オックスフォード大学のコーパス・クリスティ・カレッジで学んだ。それから、バックランドは同大学で教鞭を執るようになったが、後にはロンドン地質学会の会長も務め、また、ダーウィンの番犬といわれたトマス・ヘンリー・ハクスリー（1825－1895）と論争したことで有名なサミュエル・ウィルバーフォース（1805－1873）の後任としてウエストミンスター寺院の首席司祭にも就任した。

　バックランドは地質学によって神の英知が証明されるという自然神学の立場から講義を行った。オックスフォードの宗教教育に、地質学が役に立つと考えたのである。バックランドが重視したのは大洪水であった。彼は地質学的な証拠から、過去に世界的な大洪水があったという仮説を立て、それをノアが箱舟を作ったときの大洪水と解釈した。ところが、一つ困ったことがあった。

　それは、大洪水の堆積物の中に人骨が見つからなかったことである。もしも悪い人々を滅ぼすために神が大洪水を起こしたのであれば、その堆積物からたくさんの人骨が見つかるはずだが、いくら探しても見つからなかったのだ。

　そこで、バックランドは仮説を修正せざるを得なかった。彼の発見した世界的な大洪水は、ノアの伝説における大洪水ではなく、人間はこの大洪水の後に創造されたと結論したのである。

一方、バックランドは、中生代に栄えた魚竜のイクチオサウルスや恐竜のメガロサウルスを研究したことでも知られる。つまり、現在では存在しないさまざまな生物が、人類の誕生よりはるか昔に生きていたというわけだ。しかし、聖書の『創世記』では、世界は6日間で作られたという。これではあまりにも短いので、バックランドはこの部分の解釈を変えて、長い時間を捻出している。たとえば、「始めに神が天地を創造された」という一つの文が示している時間はとても長く、何百万年の何百万倍もの時間を表している、などと解釈したのだ。この解釈はバックランドのオリジナルではないけれど、バックランドの著作によって広く知られるようになったのである。

19世紀のイギリスの地質学者の多くは自然神学者でもあったので、地質学の知見に矛盾しないように聖書を解釈した。しかし、その一方で、聖書を文字通りに解釈する人々もおり、そういう人たちはバックランドの地質学を容認することができなかった。

激しさを増す聖職者同士の対立と、『種の起源』の出版

もっとも激しくバックランドを攻撃したのは、ヨーク大聖堂の首席司祭ウィリアム・コウバーン（1773－1858）であった。彼はバックランドを名指しで非難するパンフレットを何度も刊行している。

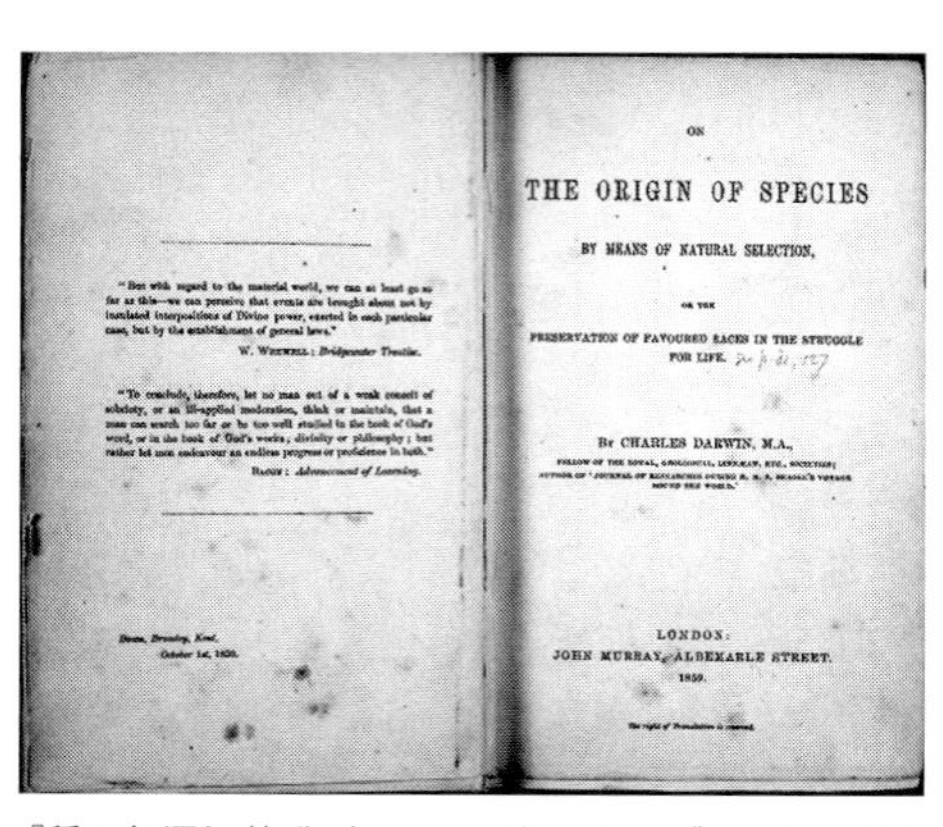

"But with regard to the material world, we can at least go so far as this—we can perceive that events are brought about not by insulated interpositions of Divine power, exerted in each particular case, but by the establishment of general laws."

W. WHEWELL: *Bridgewater Treatise.*

"To conclude, therefore, let no man out of a weak conceit of sobriety, or an ill-applied moderation, think or maintain, that a man can search too far or be too well studied in the book of God's word, or in the book of God's works; divinity or philosophy; but rather let men endeavour an endless progress or proficience in both."

BACON: *Advancement of Learning.*

ON

THE ORIGIN OF SPECIES

BY MEANS OF NATURAL SELECTION,

OR THE

PRESERVATION OF FAVOURED RACES IN THE STRUGGLE FOR LIFE.

BY CHARLES DARWIN, M.A.,

LONDON:

JOHN MURRAY, ALBEMARLE STREET.

1859.

図1－3『種の起源』（初版本、1859年、ケンブリッジ大学セントジョーンズ校）

こういう状況の中で、進化論を主張するダーウィンの『種の起源』が１８５９年に出版された。ダーウィンの『種の起源』には、最初の生物は神が創ったと書かれている。したがって、『種の起源』も自然神学書と考えてよいだろう。

しかし、ペイリーの『自然神学』とは結論がまったく異なる。

生物の多様なデザインについて、ペイリーは神が創ったと解釈したが、ダーウィンは進化によって作られたと解釈したのだ。

この『種の起源』は、大きな反響を呼び起こした。さきほど言及したサミュエル・ウィルバーフォースのように、批判した人もたくさんいたけれど、じつは支持する人も結構いたのである。

オックスフォード大学の教授で数学者であったベイデン・パウエル（１７９６－１８６０）はデザイン

図1－4　サミュエル・ウィルバーフォース

論を否定して、自然の普遍的秩序に基づく自然神学を主張した。そして、イングランド国教会の牙城であるオックスフォード大学にいながら、『種の起源』を支持したのである。また、イングランド国教会の司祭であり、後にケンブリッジ大学の教授となったチャールズ・キングズリー（1819－1875）も『種の起源』を高く評価したことで知られている。

つまり、『種の起源』を攻撃した人も擁護した人も、その大部分はイングランド国教会の聖職者だったのである。

ダーウィニズムとネオダーウィニズム

「ダーウィニズム」とか「ネオダーウィニズム」とか言った言葉を聞くことがある。これらの言葉には複数の意味があるので、誤解を生じやすい。そのため、できれば使わないほうがよいと思うけれど、すでに使われている文章を読むときには、そうも言っていられない。意味がわからなくては困るので、ここで簡単に整理しておこう。

ダーウィンはいろいろなことを主張した。おもなものとしては次の6つがある。

ダーウィンの主張

1：生物が進化すること
2：進化のメカニズムとしての自然淘汰説
3：進化のメカニズムとしての用不用説

4：生物は枝分かれ的に進化すること
5：生物はゆっくり進化すること（漸進的進化）
6：進化は進歩ではないこと

ダーウィニズムやネオダーウィニズムは、この6つの主張の一部を認めて一部を認めない説である。

自然淘汰説の失墜

ダーウィンの著書である『種の起源』（1859年）が出版されてしばらくすると、その主張の一部は、広く社会に認められるようになった。もっとも広く認められたのは**1：生物が進化すること**と、**4：枝分かれ的に進化すること**で、もっとも認められなかったのは**2：自然淘汰説**であった。

ダーウィンの番犬と呼ばれたイギリスの生物学者トマス・ヘンリー・ハクスリーでさえ自然淘汰説には懐疑的であったし、ドイツの生物学者でダーウィンの強力な支持者であったエルンスト・ヘッケル（1834－1919）も、自然淘汰説を進化のおもなメカニズムとは見做さなかった。

図1－5　左からチャールズ・ダーウィン、エルンスト・ヘッケル、トマス・ヘンリー・ハクスリー

彼らは一般に「ダーウィニズム」の支持者と呼ばれるが、この時期の「ダーウィニズム」（ダーウィニズム［1］としよう）の意味は、おもに**1：生物が進化すること**を指しており、**2：自然淘汰説**は入っていない。

19世紀末における数少ない**2：自然淘汰説**の支持者は、イギリスの進化学者アルフレッド・ラッセル・ウォレス（1823－1913）とドイツの動物学者アウグスト・ヴァイスマン（1834－1914）であった。彼らが提唱した説は「ネオダーウィニズム」（**ネオダーウィニズム［1］**としよう）と呼ばれ、ダーウィンの主張の中で**3：用不用説**をほぼ否定し、**2：自然淘汰説**を強調した説であった。

ところが、さらにややこしいことに、**ネオダーウィニズム［1］**の考えを解説したウォレスの著書のタイトルは『ダーウィニズム』なのである。ともあれ、彼らの努力も空しく、自然淘汰説は失墜の一途を辿っていった。

さらに、メンデルの法則が報告されると、変異の連続性と

ダーウィンの主張	ダーウィニズム[1] 主唱者 トマス・ヘンリー・ハクスリー エルンスト・ヘッケル など	ネオダーウィニズム[1] 主唱者 アルフレッド・ラッセル・ウォレス アウグスト・ヴァイスマン など
1. 生物が進化すること	重視	
2. 進化のメカニズムとしての自然淘汰説	軽視	重視
3. 進化のメカニズムとしての用不用説		軽視
4. 生物は枝分かれ的に進化すること	重視	
5. 生物はゆっくり進化すること（漸進的進化）		
6. 進化は進歩ではないこと		

表１－１　ダーウィンの主張に対する、19世紀から20世紀初頭にかけての受容

非連続性が問題となった。

メンデルの法則は、１８６５年にグレゴール・ヨハン・メンデル（１８２２－１８８４）によって報告され、１９００年に３人の研究者（ドイツの植物遺伝学者カール・エーリヒ・コレンス［１８６４－１９３３］、オーストリアの植物遺伝学者エーリヒ・フォン・チェルマク［１８７１－１９６２］、オランダの植物生理学者ユーゴー・ド＝フリース［１８４８－１９３５］）によって再発見されると、その非連続的な粒子遺伝のシステムが、連続的変異を重視するダーウィンの漸進的進化と矛盾すると考えられるようになった。

イギリスの生物学者でありトマス・ヘンリー・ハクスリーの孫に当たるジュリア

図1－6　左・R・フィッシャー、右・J・B・S・ホールデン

ン・ハクスリー（1887－1975）によれば、20世紀初頭には「ダーウィニズムは死んだ」と言われ、「ダーウィニズム」を支持する研究者は、時代遅れの理論家と見做されたという。この時代の瀕死の「ダーウィニズム」（ダーウィニズム［2］としよう）は、**2：自然淘汰説**と**5：漸進的進化**を強調した説であった。

自然淘汰説の復活

しかし、葬り去られる寸前だった自然淘汰説は、1930－1940年代に復活することになる。1920－1930年代に、イギリスの遺伝学者であるロナルド・フィッシャー（1890－1962）とJ・B・S・ホールデン（1892－1964）、およびアメリカの遺伝学者であるシューアル・ライト（1889－1988）らによって、集団遺伝学という分野の基礎

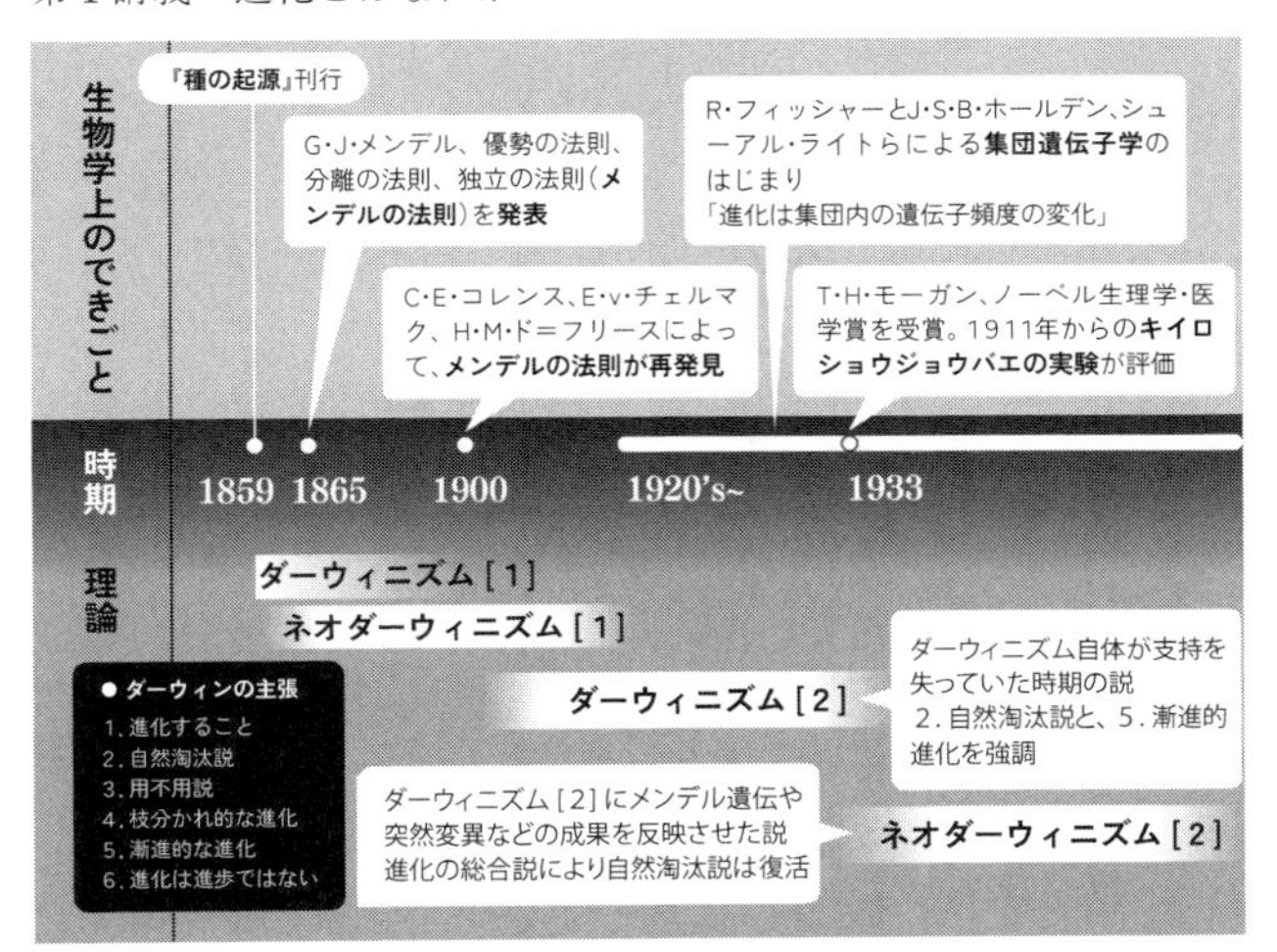

図１－７　遺伝学の発展とダーウィンの説

が築かれ、進化は集団内の遺伝子頻度の変化として捉えられるようになった。

集団遺伝学においては、メンデル的な遺伝をする変異に自然淘汰が作用するケースもいろいろと研究され、粒子遺伝を仮定しても連続的な変異が保たれることが示された。また、アメリカの遺伝学者、トーマス・ハント・モーガン（１８６６－１９４５）はキイロショウジョウバエを用いた実験により、多くの突然変異を同定した。そして、それらの突然変異がメンデル遺伝をすることを明らかにし、自然淘汰も働くと考えた。

以上に述べたような、集団遺伝学を中心にさまざまな分野の成果を取り入れて、進化を統一的に理解することを目指した説を「**進化の総合説**」という。この進化の総合説によって、自然淘汰説は復活したのみならず、もっとも重要な進化のメカニズムとして認められて、現在に至っている。
この「進化の総合説」の別名を「ネオダーウィニズム」（**ネオダーウィニズム**［2］としよう）という。この「**ネオダーウィニズム**［2］」は、「**ダーウィニズム**［2］」にメンデル遺伝や突然変異などの成果を合わせたものといえる。

ダーウィンの主張で正しいのはどれか

さきほど、ダーウィンのおもな主張として次の6つを挙げた。それぞれについて、少し説明しておこう。

1：生物が進化すること

生物が進化することを主張したのはダーウィンが初めてではないが、多くの証拠を挙げて説得力のある主張を展開したのはダーウィンが初めてである。

2：進化のメカニズムとしての自然淘汰説

自然淘汰説についてはウォレスもほぼ同じ主張をしているが、より完全な形で主張したのはダーウィンである。たとえば、ウォレスは、自然淘汰でヒトの脳を作ることはできないと考えていた。

3：進化のメカニズムとしての用不用説

用不用説は、当時は進化のメカニズムとして有力な説であった。そのため多くの人が主張しており、ラマルクやダーウィンもその中に含まれる。しかし、用不用説を支持する証拠は今のところ皆無である。

4：生物は枝分かれ的に進化すること

このことはダーウィンだけでなくウォレスも主張している。不完全な形ではラマルクも主張している。

5：生物はゆっくり進化すること（漸進的進化）

漸進的な進化は、現在では必ずしも認められていない。進化速度は大きく変わるので、かなり急速に進化することもあると考えられる。ただし、進化速度がどの程度までなら漸進的進化といえるのかという定量的な基準はないので、あまり真面目に議論する意味はないと考えられる。

6：進化は進歩ではないこと

このことをきちんと主張したのはダーウィンが初めてである。この主張は、もしかしたら、自然淘汰説以上に重要な主張かもしれない。

さて、「ダーウィニズム」と「ネオダーウィニズム」のそれぞれについて大きく２つずつに分けて述べてきたが、細かく見れば、さらにいろいろな意味に分けることもできる。とにかくダーウィンはいろいろな主張をしているので、その中のどれを認めてどれを認めないかで、全然違う主張になることもある。

ただ一つ、はっきり言えることは、ダーウィン自身の考えが、「ダーウィニズム」や「ネオダーウィニズム」と呼ばれたことは一度もない。

ダーウィンの考えに何らかの変更を加えたものを「ダーウィニズム」とか「ネオダーウィニズム」と呼ぶのである。もし読者に誤解をさせたくなかったら、「ダーウィニズム」や「ネオダーウィニズム」は使わないほうがよいだろう。

進化は進歩ではない。『種の起源』前夜とそれ以降

エボリューション（進化）は、本来「進歩」という意味を含んでいる

数人の友人と夕食を食べていたときのことである。少し酔っていた一人が突然、「向上心のない、進化しないやつは、ダメだっ」と、やや大きめの声で言った。彼は大学の先生で、同僚や学生に対する不満が溜まっていたのかもしれない。

たしかに、向上心があるのはよいことなので、それがない人はダメな人間だという意見はもっともだろう。私などは、向上心がまったくないわけではないが、あんまりないので耳が痛い。人は努力して、向上していく。進歩していく。そういうときに「進化」という言葉が使われるのを、よく聞くようになった。

「進化」という言葉を「進歩」の意味で使うことは、以前からあった。しかし最近、とくに増えたように思う。スポーツ選手が進化する。カメラが進化する。「進化」と言ったほうが、「進歩」とか「改良」とか言うよりカッコよく聞こえる。なかなか「進化」って、いい言葉だ。それなのに学校では、生物の「進化」は「進歩」ではありません、と習う。それって本当だろうか。

そもそもダーウィンの『種の起源』より前に使われていた「進化」を意味する言葉は、進歩という意味を含んでいた。19世紀のイギリスで広く使われていた「進化」を意味する言葉は、「転成」(transmutation)である。「転成」は生物の種が変化することだが、もともとは錬金術で卑金属が貴金属に変化することを意味していた。したがって「転成」という言葉には、進歩のイメージがあっただろう。

『種の起源』が出版されたのは1859年だが、それより15年前の1844年に、ロバート・チェンバーズ(1802-1871)の『創造の自然史の痕跡』が出版されている。チェンバーズは、生物だけでなく、宇宙や社会などの万物が進歩していくと考えていた。そのような万物の進化を、チェンバーズは「発達」(development)という言葉で表した。つまり、明らかに「進化」を進歩と見做していた。

ハーバート・スペンサー(1820-1903)も『種の起源』が出版される前から進化論を主張しており、1862年の『第一原理』以降は進化を意味する言葉として、有名なエボリューション(evolution)を使い始めた。進化の意味で「エボリューション」を使ったのはスペンサーが初めてではないが、彼が使ったことで、この語は広く普及したのである。

スペンサーもチェンバーズと同様に、生物だけでなく宇宙や社会など万物が進歩していくと考えており、その進歩を「エボリューション」と呼んだ。したがって「エボリューション」や、その日本語訳である「進化」には、本来進歩という意味があるのである。

一方、ダーウィンの『種の起源』では、進化を意味する言葉として「世代を超えて変化が伝わっていくこと」(decent with modification) がよく使われている。この言葉には進歩という意味合いはない。しかし、この言葉は広まらなかった。広まったのは「エボリューション」のほうだ。ダーウィンの『種の起源』でも、第5版までは「エボリューション」は使われていなかったが、第6版では「エボリューション」も使われている。進化を示す言葉として「エボリューション」が定着しつつあったということだろう。

本当に進化は進歩ではないのか

でも、言葉だけの問題ではないかもしれない。なぜなら、生物の進化の歴史を振り返ると、本当に生物の進化って、進歩して向上していくことのように思えるからだ。たとえば、脳に注目すると、こんな感じだ。

おそらく生物は、約40億年前に誕生した。そのころの生物は、細菌のように単純なものだっ

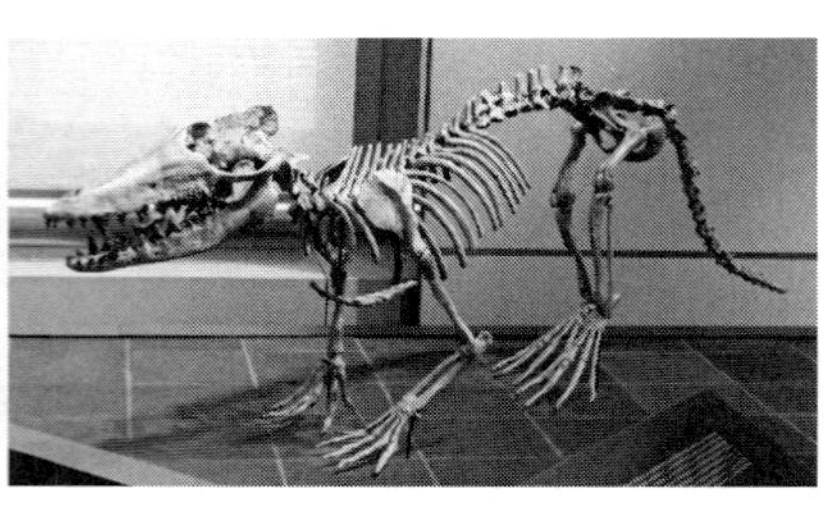

図1-8　左・トロオドン（*Troodon*）類の復元骨格（Greg Heartsfield）、右・初期のクジラ・イルカ類のパキケトゥス（*Pakicetus*）の骨格化石（カナダ自然博物館／Kevin Guertin）

た。脳なんて、まったくない。それから細菌が進化していくにつれ、だんだんと複雑な生物も現れた。

カンブリア紀（約5億3900万年前－約4億8500万年前）には、中枢神経の前部が発達して単純な脳を作ったミロクンミンギアのような魚やアラルコメネウスのような節足動物が進化している。

中生代（約2億5200万年前－約6600万年前）になると恐竜が現れた。以前、恐竜は体が大きいだけで、バカでノロマな生き物と誤解されていた。しかし、実際には知的で活発な生き物だった。恐竜時代の終わりごろに進化したトロオドンは、もっとも知的能力が高かった恐竜の一つである。もしもトロオドンの子孫が絶滅しないで、今日まで生き延びていたとしたら、高度な知性をもったディノサウロイド（恐竜人間）になったのではないかと言う人もいるくらいだ。

新生代（約6600万年前－現在）になると哺乳類が繁栄し、トロオドンをはるかに上回る知的能力をもった哺乳類が現れた。イルカである。人類が約７００万年前に現れてからも、長きにわたってイルカは地球上でもっとも知的能力の高い生物だった。しかし、約１５０万年前になると、ついに人類が知的能力でイルカを抜いた。それから人類は、この地球上でもっとも知的能力の高い生き物として君臨し、現在にいたるのである。

脳に注目して、ざっと生物の進化の歴史を振り返ってみた。やっぱり、脳は進化の過程で向上・進歩してきたように思える。そもそも細菌のように単純だった生物が、進化の結果、高度な知的能力をもつヒトになったのだ。それこそが、進化が向上・進歩である有無を言わさぬ証拠である。これのどこが間違っているというのか。いや、やっぱり間違っているのである。

複雑になるか、単純になるか

こんなゲームを考えてみよう。ゲームの参加者１０００人に、それぞれ１０００円ずつを渡す。そして参加者は、１分ごとに近くの人とペアになって、ジャンケンをする。負ければ、相手に１００円を渡さなければならない。つまり、勝てば相手から１００円貰えるわけだ。このようなルールでゲームを始めると、10分後にはどうなっているだろうか。

確率的に考えれば、10回全部勝ち続けた人が１人ぐらいはいそうだ。その人は所持金が２０００円に増えている。９回勝って１回負けた人は所持金が１８００円だが、そういう人も10人ぐらいはいるだろう。一方、損をした人もいる。全部負けて、所持金が0円になった人も1人ぐらいはいるはずだ。でも、多くの人は、だいたい勝ち数と負け数が同じくらいで、それほど得も損もしていないだろう。

進化は、このゲームのようなものだ。ゲームですごく儲かる人もいるように、進化ですごく複雑になる生物もいる。たとえば、私たちヒトがそうだ。ヒトの脳は、ものすごく複雑だ。でも、そういう生物は一部にすぎない。逆に、ゲームで損をする人もいるように、進化で単純になる生物もいる。あまり単純になりすぎると、もはや生物でなくなってしまうが、それがウイルスかもしれない。

たしかに、私たちヒトのことだけを考えれば、進化は進歩のように思える。でも、私たちのように複雑化した生物は、ほんの一部なのだ。ほとんどの生物は昔と変わらず、それほど複雑にも単純にもなっていない。その代表が、現在の細菌だ。数で考えれば、地球上の生物の大部分は細菌なのだ。彼らはジャンケンで、大儲けも大損もしなかったのだ。

このゲームで、忘れてはいけないことが2つある。1つ目は、すごく儲けた人がいる反面、すごく損した人もいるということ。2つ目は、ジャンケン自体には、勝つ傾向も負ける傾向もないということだ。進化の結果、生物が複雑になることもあるけれど、だからといって複雑になる傾向があるわけではないのである。

私たちは、つい自分を中心にして、ものごとを考えてしまう。私たちはヒトなので、つい「進化」を「進歩」と考えてしまう。でも、もし私たちがウイルスだったら、どうだろうか。「退歩」が当たり前の世界に住んでいる彼らには、きっとこの世界がまったく違って見えている。そして、ウイルスたちの学校では、先生が生徒にこう言っているに違いない。

「ほとんどのみなさんは、『進化』のことを生物が『退歩』することだと思っているでしょうね。でも、違うのです。たしかに『進化』によって、私たちウイルスのように、生物が単純になることもあるけれど、複雑になることだってあるのですよ」

獲得した形質の遺伝は存在する

先日、ある有名な国立大学のウェブ上のページを覗くと、こんなことが書いてあった。

「生物学では長らく、後天的に獲得した形質は遺伝しないと考えられていました」

この文は、もちろん間違っている。しかも、この文が間違っていることを理解するためには、専門的な進化論の知識は必要ない。生物学を少し教わった人であれば、中学生でも、いや小学生でも理解できるはずだ。それでは、落ち着いて考えてみよう。ここでは、話を簡単にするために、動物を例にして考えよう。

まず「後天的に」とはどういう意味かというと、それは「生まれた後で」という意味だ。動物の一生は受精卵から始まると考えてよいので、「後天的に」というのは「受精して受精卵が誕生した後で」という意味になる。たとえば「後天的に体が弱くなった」というのは、受精してから死ぬまでのあいだに「体が弱くなった」ということだろう。

ところで、「後天的に」と対になる言葉に「先天的に」がある。「先天的に」というのは「生まれつき」という意味で、つまり「生まれる前から」ということだ。たとえば「先天的に体が弱かった」というのは、受精する前から、つまり精子か未受精卵の段階で、すでに何らかの体が弱い傾向を持っていた、ということだろう。したがって、「先天的に体が弱かった」とすれば、体が弱くなったのは親かそれ以前の祖先の段階ということになる。しかし、もし「体が弱い」という形質を親の段階で獲得したのであれば、それは親にとっては「後天的に獲得した形質」ということになる。同じことは、祖父や祖母の段階でも、それ以前の祖先の段階でも当てはまる。

つまり、ある形質を獲得したのがどんなタイミングであっても、それはいずれかの世代にとっては、かならず「後天的に獲得した形質」になってしまうのだ。どの世代にとっても「後天的」にならないタイミングというのは存在しないのである。

後天的に生殖細胞が獲得した形質は遺伝する

動物の体を作っている細胞には、体細胞と生殖細胞の２種類がある。体細胞は、たとえば指や心臓などを作る細胞で、子孫には受け継がれない。一方の生殖細胞は、精子や卵になる細胞で、子孫に受け継がれる可能性がある。

このように、細胞が２種類あるために、「後天的に獲得した形質」も２種類あることになる。

「後天的に体細胞が獲得した形質」と「後天的に生殖細胞が獲得した形質」の2種類だ。そして、当然のことだが、「後天的に体細胞が獲得した形質」は遺伝しないけれど、「後天的に生殖細胞が獲得した形質」は遺伝する。たとえば、細胞分裂時のDNAのコピーミスや、放射線によって起きたDNAの変化は、体細胞に起きれば遺伝しないけれど、生殖細胞に起きれば遺伝するのである。

以上の話からわかるように、進化の材料になる形質はすべて「後天的に生殖細胞が獲得した形質」である。それなのに、どうして「生物学では長らく、後天的に獲得した形質は遺伝しないと考えられていました」みたいな勘違いが起きるのだろうか。

その理由は、「獲得形質の遺伝」という用語がわかりにくいからだろう。たとえば、『岩波生物学辞典・第5版』の「獲得形質」の項目の説明には、「一般に、獲得形質の遺伝といえば体細胞に生じた変化が遺伝的となる場合を指し（以下略）」とある。つまり、「獲得形質の遺伝」という用語は「後天的に獲得した形質が遺伝すること」ではなくて、「後天的に体細胞が獲得した形質が遺伝すること」なのだ。

これはややこしい。「獲得形質の遺伝」という用語がわかりにくいために、多くの勘違いが起きているのだから、その責任は勘違いしたほうではなくて、こんなややこしい用語を使い始めた生物学者のほうにあるはずだ。とはいえ、勘違いは勘違いなので、修正したほうがよいだろう。

ここでは、よくある勘違いを2つ指摘しておこう。

用不用説と獲得形質の遺伝

ラマルクが広めた用不用説は、「後天的に体細胞が獲得した形質が遺伝する」説、つまり「獲得形質の遺伝」説として、もっとも有名なものである。その内容は、「よく使われる器官は発達し、使われない器官は退化する。そして、その影響は遺伝する」というものである。

また、別の「獲得形質の遺伝」説としては、ダーウィンが提唱したパンゲン説もある。これは用不用説のメカニズムを説明するもので、内容は「体細胞にはジェミュールという粒子があり、この粒子は環境の影響を取り込むことができる。このジェミュールは血管を通って生殖細胞に集まり、子供に伝えられる。そして、子供に伝えられたジェミュールは、ふたたび生殖細胞から体細胞に分散して、親の特徴を子供に発現させる」というものだ。

図1－9　ジャン＝バティスト・ド・ラマルク

しかし、用不用説もパンゲン説も、それを示す証拠は見つかっておらず、現在の進化学では誤りとされている。とはいっても、これは「後天的に体細胞が獲得した形質が遺伝する」ことが誤りなのであって、「後天的に生殖細胞が獲得した形質が遺伝する」ことが誤りなわけではない。というか、地球の生物の進化はすべて「後天的に生殖細胞が獲得した形質が遺伝する」ことによって起きるのだから、これを否定したら、進化そのものを否定することになるだろう。

エピジェネティクスと獲得形質の遺伝

獲得形質の遺伝が見つかったとして、一部で話題になったのがエピジェネティクスである。エピジェネティクスというのは「DNAの塩基配列以外の変化が遺伝する現象」である。

遺伝情報はすべてDNAの塩基配列に書き込まれていると、かつては考えられていたので、それ以外の部分に遺伝情報が書き込まれていることは驚きをもって迎えられた。エピジェネティクスにはいくつかの種類があるが、たとえばDNAのメチル化とか、ヒストンというタンパク質の修飾（化学的変化）が、その例である。

具体的な例としては、ヒトやマウスについて、栄養のとり方によって、その子供や孫の寿命などに影響が出ることが報告されている。ヒトについてのデータは古いので、メカニズムについてはよくわからないけれど、一応エピジェネティクスの例と解釈されている。

もっとも、これらの例は、生殖細胞に起きたDNAのメチル化などが遺伝したと考えられるの

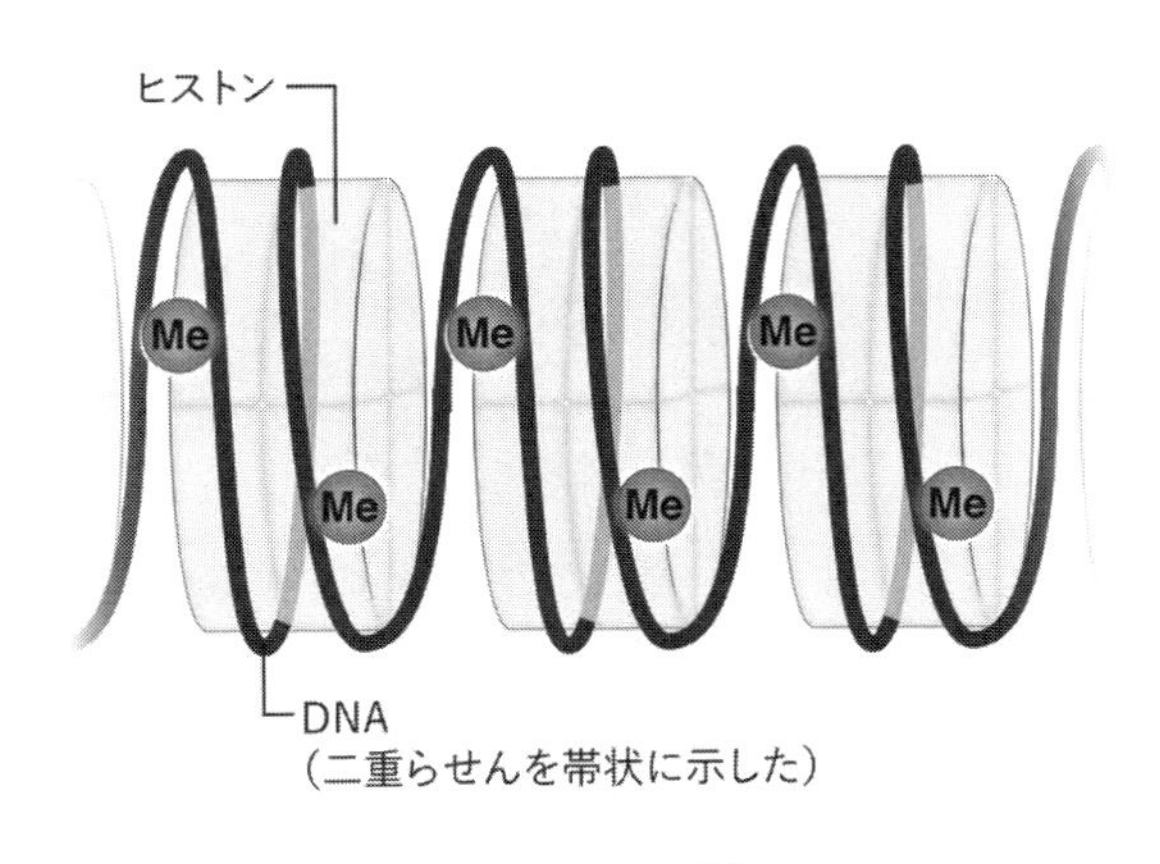

図1－10　メチル化の模式図。DNAへメチル基が付加される

で、いわゆる「獲得形質の遺伝」ではない。つまり「後天的に体細胞が獲得した形質が遺伝」したわけではない。栄養状態などの影響が、体細胞だけでなく生殖細胞にも及ぶことは、十分に予想できるからだ。やはり、これも、「後天的に生殖細胞が獲得した形質が遺伝」した例だと解釈してよいだろう（表1－2）。

これまでの話からわかるように、生殖細胞が獲得した形質が遺伝することは当たり前であって、何の不思議もない。一方、体細胞が獲得した形質が遺伝する例は見つかっていないのである。

ただし、これは動物についての話であって、植物については少し話が違ってくる。植物では、体細胞と生殖細胞が動物ほどはっきり分かれていないので、話が少し複雑になる。とはい

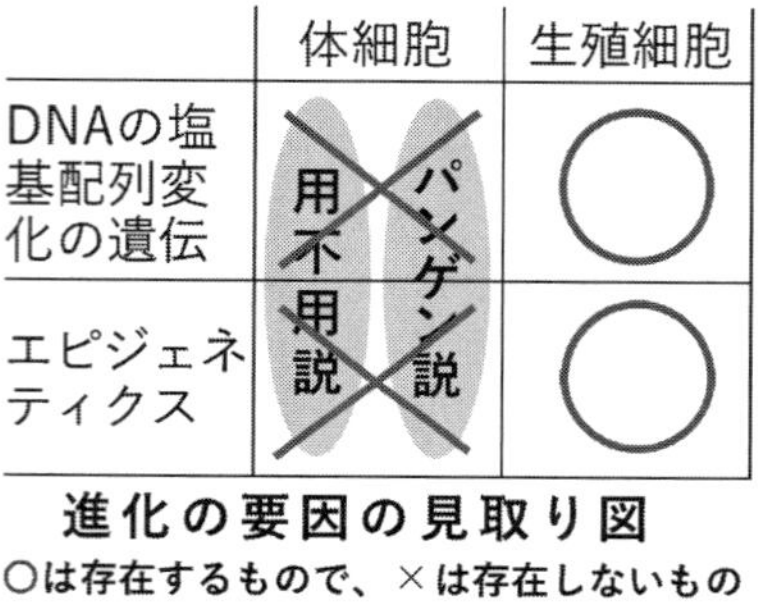

	体細胞	生殖細胞
DNAの塩基配列変化の遺伝	×（用不用説）×（パンゲン説）	○
エピジェネティクス	×（用不用説）×（パンゲン説）	○

進化の要因の見取り図

○は存在するもので、×は存在しないもの

表1－2　進化の要因の見取り図

え、基本は動物と同じである。結果的に子孫に受け継がれる細胞が獲得した形質が子孫に遺伝する、という原則は、植物でも動物でも成り立っているのである。

すべての進化の出発点は（生殖細胞における）獲得した形質の遺伝だ。しかし、その一方で、ラマルクが広め、ダーウィンも認めた用不用説が復活する兆しは、今のところまったくないのである。

恐竜の絶滅とダーウィンの誤り

約６６００万年前の白亜紀末に、地球に巨大な隕石が衝突し、多くの恐竜を絶滅させた。今なら誰にも気兼ねすることなく、平気でこういう発言ができる。しかし、私が学生のころは、そうではなかった。そんなことを言ったら、怪しい説を信じるおかしな奴だと思われて、馬鹿にされたり冷笑されたりしたものだ。

これは誇張ではなく事実である。実際に私は、そういう場面を何回か見たことがある。しかも、これは日本に限ったことではないらしい。イギリスの古生物学者であるマイケル・ベントンによれば、イギリスやアメリカでも事情は同じだったようだ。

怪しい説は、たくさんある。たとえば、地球空洞説だ。地球は中身の詰まった球体ではなく、ゴムボールのように中空になっている、という説である。これは古くからある説で、ハレー彗星の軌道を計算したイギリスの天文学者、エドモンド・ハレー（１６５６－１７４２）も、地球空洞

図1－11
エドモンド・ハレー

説を唱えていたようだ。20世紀の日本のある作家などは、空飛ぶ円盤は地球の内部からやってくるとまで主張していた。もう無茶苦茶である。

しかし、隕石の衝突によって恐竜が絶滅したという説も、かなりハイレベルな怪しい説だった。さすがに地球空洞説には少し負けていたかもしれないけれど、結構いい勝負だったはずだ。今ではちょっと考えられないけれど、隕石衝突説はそのくらいインチキ臭い説だったのである。当時はまだ白亜紀末に巨大隕石が衝突した確定的な証拠が見つかっていなかったにしても、どうしてそこまでインチキ扱いされたのだろうか。証拠がないというだけなら、そこまで隕石衝突説を毛嫌いすることはないように思えるのだが。

生物相の変化は「天変地異」のせい

ジョルジュ・キュビエ（1769－1832）は、有名なフランスの博物学者である。キュビエは進化を認めなかったので、進化学者であるラマルクとは折り合いが悪かった。とはいえ、キュビエは怪しい人ではない。きちんとした実証的な科学者である。そんなキュビエがどうして進化を認めなかったかというと、進化を実証できなかったからだ。

考えてみれば、進化を実証することは難しい。哺乳類や鳥などが進化するには長い時間がかかるので、私たちが一生のあいだに進化を目撃することは無理である。その一方で、細菌などは進化速度が速いので、私たちでも進化を目撃することができそうだ。ところが、細菌は進化しても形があまり変わらないので、遺伝子などを調べないと進化したことがわからない。これはキュビエの時代には無理である。

ということで、進化を認めなかったからといって、キュビエを責めることはできないだろう。しかし、キュビエも化石はよく観察していた。そして、地層ごとに化石の種類が異なることに気づいていた。つまり、時代が異なると生物も異なることを知っていたのである。

図1－12
ジョルジュ・キュビエ

キュビエはその理由を、壊滅的な**天変地異**のせいだと考えた（**天変地異説**）。ある地域に天変地異が起きると、そこに棲んでいた生物のほとんどが死滅する。その後、他の地域から生物が移住してきて、以前の生物と置き換わる。それが、地層ごとに化石の種類が異なる理由だというわけだ。

図1－13　左・ジェームズ・ハットン、右・チャールズ・ライエル

過去に起こったことは、いまの現象からわかる

一方、キュビエとは異なる考えをしていた人物として、ジェームズ・ハットン（1726－1797）やチャールズ・ライエル（1797－1875）がいる。2人ともイギリスの地質学者である。

ハットンは、「地球の過去の歴史は現在起きている現象から説明できる」という**現在主義**（**斉一説**（せいいっせつ）ともいう）を主張した。これは「なるべく単純な仮説を採用する」という科学の方法を、地質学に適用したものと考えることができる。「現在起きている現象で過去が説明できるなら、その説明を採用するべきで、それ以外の突飛な出来事をわざわざ想定する必要はない」というわけだ。

その後、ライエルはハットンの考えをもとに『地質学原理』を著し、現在主義を広く世に知らしめた。ただし、ライエルの現在主義は、ハットンの現在主義とは少し異なる。相反するわけではないのだが、ハットンの現在主義の一部を強調したものになっている。

ライエルが強調したこと

ライエルが強調したのは、**漸進性**だ。「地質現象は長い時間をかけてゆっくりと起きた」というのである。**目に見えないほどゆっくりとした変化でも、膨大な時間が経（た）てば大きな変化になる**ので、天変地異のような突飛な出来事を持ち出す必要はないわけだ。

図1－14　『地質学原理』に掲載されたイタリア・ポッツオーリの神殿を描いた口絵。海蝕の跡と比較的傷のない部分が交互に見られることから、柱の立つ地盤が長い時間をかけて沈降・隆起を繰り返したと述べた（『地質学原理』第1巻、1830年）

　地球の歴史を現在主義によって理解しようとすれば、現在の地質現象をよく観察し、きちんと理解しなければならない。このような態度が、科学的な地質学を発展させることになったのである。天変地異説が凋落していく一方で、現在主義は近代地質学の確固たる基礎となっていった。ただし、その際にライエルの『地質学原理』が大きな影響を与えたため、近代地質学の基礎となったのは、単なる現在主義ではなく、漸進説を強調した現在主義だったのである。

ダーウィンの漸進説

この『地質学原理』に大きな影響を受けたのが、チャールズ・ダーウィンである。ダーウィンは20代のときに、イギリス海軍の測量船ビーグル号に乗り、ほぼ5年をかけて世界を一周した。このときに、さまざまな地域で見聞したことが、進化論の形成に重要な役割を果たしたことはよく知られている。

しかし、この航海で、進化論の形成に大きく寄与したことが、もう一つある。それが『地質学原理』である。

ダーウィンはビーグル号に『地質学原理』を持って乗り込み、航海中に何度も読んだらしい。後にダーウィンは、生物が「漸進的に」進化することを主張するようになるが、その「漸進的に」の部分はライエルの『地質学原理』から影響を受けた可能性が高い。

ダーウィンが唱えた漸進的な進化論は、少数の賛同者はいたものの、多くの人にはなかなか認めて貰えなかった。そして、20世紀の初めには、「ダーウィニズムは死んだ」とまで言われ、ダーウィンの漸進的な進化論は葬り去られる寸前であった。しかし、20世紀も半ばになると、メンデル遺伝学や集団遺伝学との絡みもあって、ダーウィンの漸進的な進化論は鮮やかに復権し、生物学の基礎と信じられるようになった。

図1－15
マゼラン海峡を通過する「ビーグル号」

「隕石衝突説」の登場と漸進説の凋落

約6600万年前の白亜紀末に、地球に巨大な隕石が衝突し、多くの恐竜を絶滅させたのではないか。そういう論文が、ルイス・ウォルター・アルヴァレズ（1911－1988）とウォルター・アルヴァレズ（1940－）の父子によって発表されたのは、1980年だった。

その頃、有力だった説は、地質学では漸進的な現在主義であり、生物学では漸進的な進化論であった。アルヴァレズ父子の論文は、その両方を否定するものだったのである。地質学でも進化論でも「自然は一足とびに変化しない」という漸進論が有力だったので、隕石衝突説は冷笑をもって迎えられた。有名な古生物学者からも、アルヴァレズ父子は進化をまるで理解していないとか、無知な地球科学者は高価な装置を使えば革命を起こせると勘違いしているとか、散々な言われようだった。

しかし、その後、隕石が衝突した巨大なクレーターが見つかるなど数多くの証拠が積み重ねられて、現在では隕石衝突説は揺るぎないものとなっている。

偉大なダーウィンの「間違い」

現在主義はよいのだが、漸進説を強調しすぎると、地震や噴火や隕石衝突などの、現在でも起き得る突発的な現象まで否定することになりがちである。また、進化論はよいのだが、漸進主義を強調しすぎると、突発的な現象によって起きる急激な進化まで否定することになりがちである。アルヴァレズ父子の隕石衝突説は、地質学や進化論を、そんな漸進説の呪縛から解き放つ役目を果たしたといってよいだろう。

ダーウィンは偉大だった。進化のおもなメカニズムとして自然淘汰を発見し、生物の多様性を種分化によって説明した業績によって、歴史上もっとも偉大な進化生物学者であることを私は疑わない。でも、それは、ダーウィンが完璧であることを意味するわけではない。間違ったこともたくさん言っている。生物は「漸進的に」進化すると言ったのも、完全に間違っているわけではないけれど、例外がたくさんある説であった。

第2講義

自然淘汰とはなにか

もっとも曲解されたダーウィンの主張

なぜ生物は進化するのか？

生物は進化する。

そんなことは当たり前で、おそらく読者の中に、生物が進化することを認めない人はほとんどいないだろう。小さな子供に「生物って進化するの？」と聞かれたら、あなたは自信をもって「そうだよ、生物は進化するんだよ」と答えるにちがいない。しかし、同じ子供に「なぜ生物は進化するの？」と、進化する理由を聞かれたら、どう答えればよいだろうか。

私たちの周りを見ても、なかなか生物が進化していることはわからない。ゾウやヒトみたいに目に見える大きな生物は、進化するのに長い時間がかかる。私たちが一生のあいだに、進化を目撃することは無理なのだ。

一方、進化速度が速い細菌のような生物は、小さくて肉眼では見えない。だから、普通に生物を見ていれば、進化していることに気づかなくて当たり前だ。いやむしろ、生物は進化しないと考えるほうが自然なのである。ダーウィンなど昔の人は、生物が進化していることによく気がついたなと、私などは感心してしまう。

しかし考えてみれば、生物は進化して当たり前なのだ。進化しないほうがおかしいのだ。それを私に気づかせてくれたのが、ハーディ・ワインベルグの定理だった。

退屈なハーディ・ワインベルグの定理

集団遺伝学の講義で、初めてハーディ・ワインベルグの定理を習ったとき、私はなんてつまらない定理だろうと思った。ハーディ・ワインベルグの定理なんて当たり前ではないか。こんなものをありがたがって、何の意味があるのか。

ハーディ・ワインベルグの定理は、イギリスの数学者であるゴッドフレイ・ハロルド・ハーディ（１８７７－１９４７）とドイツの医師であるウィルヘルム・ワインベルグ（１８６２－１９３７）によって、１９０８年に別々に発見された定理である。

私たち動物（の細胞）は、同じ種類の遺伝子（対立遺伝子）を２つずつ持っているので、二倍体の生物といわれる。たとえばＡＢＯ式血液型の対立遺伝子はＡとＢとＯの３種類ある。私たちは、その対立遺伝子を２つずつ持っている。たとえば血液型がＡ型の人の遺伝子型はAAかAOだし、Ｏ型の人はOOになる。

血液型	遺伝子型
A型	AA、AO
B型	BB、BO
O型	OO
AB型	AB

表2－1　ABO式血液型

さて、ここでは話を簡単にするために、遺伝子Oは無視して、AとBだけ考えることにしよう。つまり血液型はA型（遺伝子型はAA）とAB型（遺伝子型はAB）とB型（遺伝子型はBB）の3通りしかないとするわけだ。

ここで、男性と女性が50人ずつ、合わせて100人の集団を考えよう。血液型を調べたら、64人はA型で、32人がAB型、そして4人がB型だったとする。この集団内では全員がランダムに結婚して、それぞれの夫婦が子供を2人ずつ産む。つまり、次の世代の人数も100人で変わらない。このとき、次の世代の遺伝子型はどうなるだろうか。

まず、最初の世代が持っている遺伝子Aの数を求めてみる。

A型の人は64人いるから、この人たちが持っている遺伝子Aは64×2＝128個である。

AB型の人は32人なので、この人たちが持っている遺伝子Aは32×1＝32個である。

B型の人は、遺伝子Aを持っていない。合計すると、遺伝子Aはこの集団の中に128＋32＝160個あることになる。

同じようにして遺伝子Bの数も求めてみる。

血液型と人数 （括弧内は遺伝子型）	遺伝子Aの数	遺伝子Bの数
A型(AA)　64人	2×64＝128(個)	
AB型(AB) 32人	1×32＝ 32(個)	1×32＝ 32(個)
B型(BB)　4人		2× 4 ＝ 8 (個)
合計	128+32=160(個)	32+8=40個

表２－２　遺伝子Oを無視した仮想的な血液型の人数と遺伝子

AB型の人が持っている遺伝子Bは32×1＝32個で、B型の人が持っている遺伝子Bは4×2＝8個である。合計すると、遺伝子Bはこの集団の中に32＋8＝40個あることになる。

つまり、遺伝子Aと遺伝子Bの割合は、160：40＝4：1＝0・8：0・2になる。

したがって、男性の精子が遺伝子Aを持っている確率は0・8で、遺伝子Bを持っている確率は0・2である。この確率は、女性の卵でも同じになる。したがって、生まれた子供がA型になる確率は、精子がAをもつ確率0・8に卵がAをもつ確率0・8を掛ければよい。

つまり、0・8×0・8＝0・64である。次の世代のA型の人は（次の世代も合計人数は100人なので）、100×0・64＝64人になる。これは親の世代のA型の人数と同じである。同様にして計算すると、次の世代のAB型は32人、B型は4人になり、こちらも親の世代と同じになる。

このように、世代を超えて遺伝子頻度も遺伝子型頻度も変わらない状態を、ハーディ・ワインベルグ平衡という。そして、ハーディ・ワインベルグ平衡が成り立つことを数学的に示したものを、ハーディ・ワインベルグの定理という。

進化のメカニズムは4つしかない

たしかに、ハーディ・ワインベルグの定理が言っていることは、当たり前かもしれない。遺伝子頻度から遺伝子型頻度を予測するときなどには便利かもしれないが、それを別にすれば「特別なことがなければ、ハーディ・ワインベルグ平衡が成り立つ」と言っているだけなのだから。いったい、ハーディ・ワインベルグ平衡とは、何を意味しているのだろうか。

じつは、「ハーディ・ワインベルグ平衡が成り立つ」とは、「進化しない」ということだ。進化とは「遺伝する形質が世代を超えて変化すること」である。トレーニングによって発達させた筋肉は、子供に遺伝しない。だから、トレーニングによる筋力アップは進化ではない。

一方、遺伝子は遺伝する。だから「世代を超えて遺伝子の頻度も遺伝子型の頻度も変わらない状態」つまり「ハーディ・ワインベルグ平衡」は、「遺伝する形質が世代を超えて変化しない状態」だ。つまり、ハーディ・ワインベルグ平衡が成り立っていれば、生物は進化しないのである。逆に考えれば、生物が進化するのは、ハーディ・ワインベルグ平衡が成り立たないときなのだ。

　では、ハーディ・ワインベルグ平衡はどういうときに、成り立つのだろうか。さっき血液型の話をしたときは、人数が１００人の集団を考えた。でも、本当は１００人では足りない。たしかに確率通りにいけば、次の世代では１００人のうちの64人がA型になる。でも実際には65人かもしれないし、62人かもしれない。たいてい少しはズレてしまうのだ。

　このように、偶然によって遺伝子頻度がズレることを遺伝的浮動という。遺伝的浮動をなくして、確率通りにするための方法は、一つしかない。それは、集団の大きさを無限大にすることだ。したがって、集団の大きさを無限大にすることは、ハーディ・ワインベルグ平衡を成り立たせるための条件の一つだ。

　じつは、ハーディ・ワインベルグ平衡が成り立つためには、次の４つの条件が必要である。

（１）集団の大きさが無限大であること
（２）対立遺伝子の間に生存率や繁殖率の差がないこと
（３）集団に個体の移入や移出がないこと
（４）突然変異が起こらないこと

この4つの条件が1つでも満たされなければ、ハーディ・ワインベルグ平衡は成立しない。つまり、生物は進化する。逆にいえば、この4つの条件を破るメカニズムが、そのまま進化のメカニズムになるのである。

したがって、進化のメカニズムは4つしかないことになる。(1)の条件を破る遺伝的浮動と(2)の条件を破る自然淘汰と(3)の条件を破る遺伝子交流と(4)の条件を破る突然変異である。意外と進化のメカニズムって少ないのだ。進化にはいろいろなメカニズムがあるように思えるが、みんなこの4つに含まれてしまうのだ。

でも、この4つの条件をすべて満たすのは、なかなか大変だ。というか、そもそも(1)の条件を満たすことは不可能だ。集団の大きさは必ず有限なのだから。

したがって、最初に紹介した「なぜ生物は進化するの?」という質問への答えは、「4つの条件をすべて満たすことはできないから」である。たとえば「生物の数は有限だから」だけでも、「なぜ生物は進化するの?」の答えになっているのである。

生存に不利な遺伝子が淘汰されない理由

大学生のとき、私はすこし変わった学科にいた。そこの講義には、数学も物理も化学も生物もあった。電子工学のような応用科学の講義さえあった。大学１～２年生のときの教養課程の話ではない。３～４年生のときの専門課程の話である。なんだか的を絞れない散漫な教育のような気もする。しかし、その学科は、ある目的というか理想というか、そういうものを掲げて第二次世界大戦のあとに創られた新しい学科だった。残念なことに、今ではなくなってしまったけれど。

そういう学科にいたせいで、学生同士でいろいろな分野の話をすることが多かった。分野を比較する話も多かった。そういう話のなかで、もっとも過激な意見は、生物学者はアホであるというものだった。

その学科の講義室は２つあって、両方とも最上階の４階にあった。ルベーグ積分の講義が終わると、10分間の休憩をはさんで、生理学の講義が始まる。さっきまで何だかわけのわからない記号で埋め尽くされていた黒板に、とつぜんかわいい植木鉢とマンガのような植物が描かれるのである。生物学者がアホであるかどうかはともかく、その学科で行われていた講義のなかで、もっともわかりやすい講義が、生物の講義であったことは間違いない。

有害な遺伝子を除去できない仕組み

生物学における仮説や理論のなかには、かなり難しいものもなくはない。とはいえ、物理や化学に比べれば、簡単なものが多いのも事実だ。そして自然淘汰説は、その簡単なものの代表格といってよい。

「自然淘汰説を考えついたダーウィンなんて、まったく偉くない。こんな簡単な説なら、誰だって考えつくさ」

そんな意見を、私は何度も聞いたことがある。口には出さないけれど頭の中で思っている人なら、もっとたくさんいただろう。べつに私も、そういう意見を否定するつもりはない。いや、私だって心のすみで、少しはそう思わないでもない。でも、あまり油断しすぎると、足をすくわれるかもしれない。

たとえば、私たちヒトには有害な遺伝子がけっこうある。これらの遺伝子は、なぜ自然淘汰で除去されないのだろう。それは、有害な遺伝子を自然淘汰で除去することは、ふつうできないからだ。これはすこし考えれば当たり前のことだが、忘れている人がけっこう多いのである。自然淘汰で有害な遺伝子が除去できない仕組みは、２つの思考実験をすれば、すぐに納得できる。まずは１つ目だ。

私たちヒトは二倍体である。二倍体というのは、ほぼ同じ遺伝子を２組もつ生物のことで、遺伝子の１組は母親から、もう１組は父親から受け継ぐ。この、ほぼ同じ遺伝子のことをアレル（対立遺伝子）という。アレルと表現型は対応することがあり、その例として19世紀のメンデルの実験が有名である。

メンデルは、やはり二倍体のエンドウを使って実験をした。たとえば、アレルが２種類あって、それらをＡとａで表すことにしよう。アレルの組（遺伝子型）がAAのときはエンドウの子葉は黄色になり、Aaのときも同じく黄色、しかしaaのときは緑色になるとする（AAやaaのように同じ種類のアレルをもつ生物をホモ接合体、Aaのように異なるアレルをもつ生物をヘテロ接合体という）。このとき、Ａのことを顕性のアレル、ａのことを潜性のアレルと呼ぶ。つまり顕性アレルは、潜性アレルの表現型に対する効果を覆い隠してしまうのだ。

ちなみに、以前は「顕性」のことを「優性」、「潜性」のことを「劣性」と呼ぶことが多かった。しかし「優性」というと、そのアレルが示す表現型自体が優れているような印象を受けるし、「劣性」というと、表現型自体が劣っているような印象を受ける。

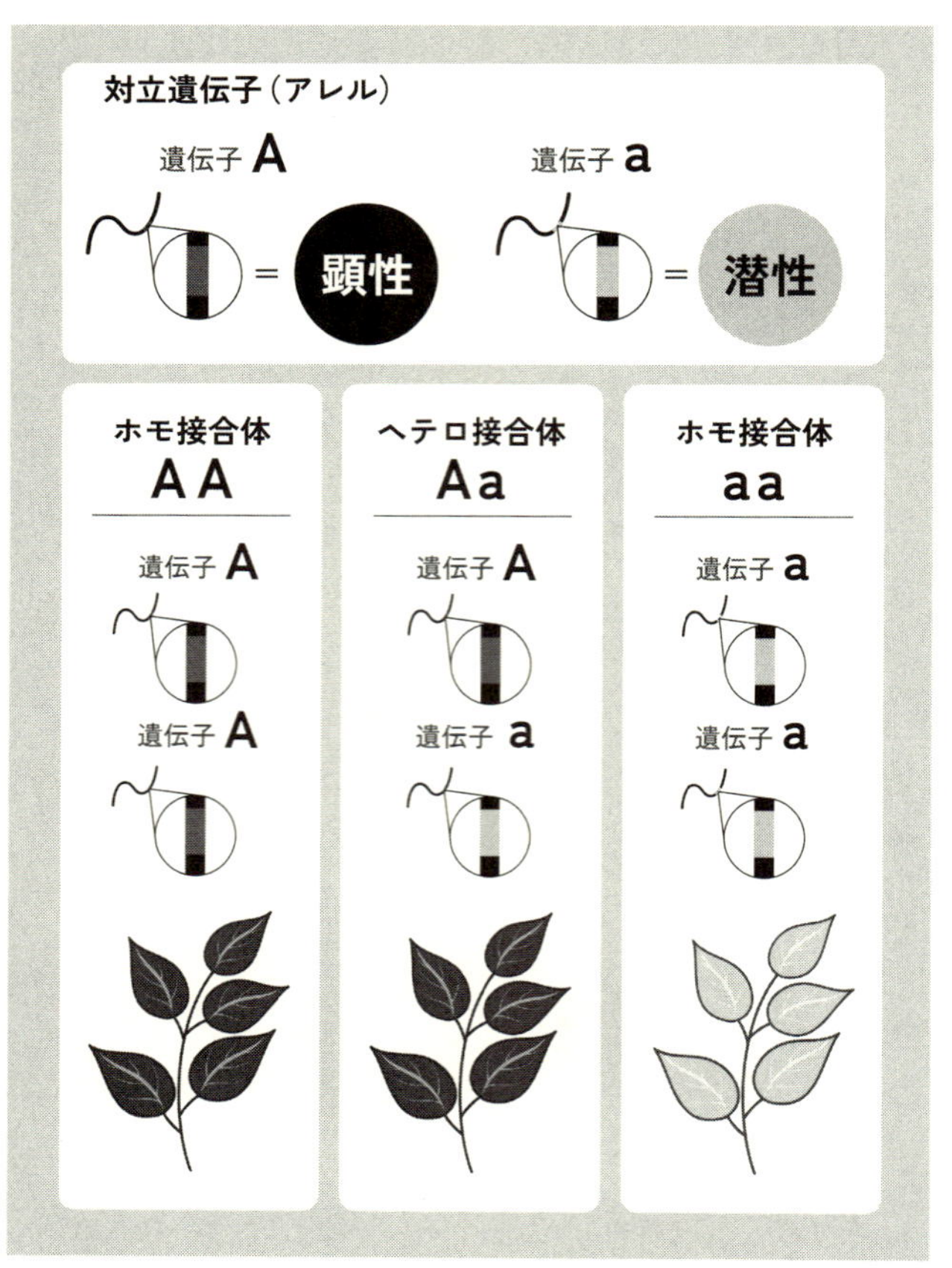

図2－1
顕性アレルAは、潜性アレルaの表現型に対する効果を覆い隠してしまう

もちろん、正しくはそうではなくて、「優性」というのは単にヘテロ接合体で表現型が現れることで、「劣性」というのはヘテロ接合体で表現型が現れないことである。このように「優性」「劣性」という言葉は誤解を生みやすいので、最近では「顕性」「潜性」という言葉を使うことが推奨されている。さらにいえば、「対立遺伝子」の代わりに「アレル」ということが、最近では多くなりつつある。

さて、仮に子葉の色が黄色のときは有利で、緑色のときは不利だったとしよう。つまり遺伝子型がAAとAaの個体は子孫をたくさん残し、aaの個体はあまり残せないということだ。すると、最初のうちはaというアレルが減っていく。しかし、ある程度まで減ると、それ以上は減らなくなる。

自然淘汰が作用するのは表現型に対してだけである。したがって子葉が緑色になるaaに対しては、除去するように自然淘汰が作用する。しかし子葉が黄色になるAaに対しては、除去するような自然淘汰は作用しない。Aaというヘテロ接合体になると、aは自然淘汰の監視の目から逃れてしまうのだ。

aの数がだんだん減っていって、Aに比べてaの数がずっと少なくなると、aとaが出会ってホモ接合体になることはほとんどなくなる。そうすると、もはやaに対して自然淘汰は働かない。だからaは低い頻度のまま、ずっと存在し続けることになる。

たとえば、色を認識する能力が低くなる色覚変異を起こすのも、潜性のアレルだ。現在ではそ

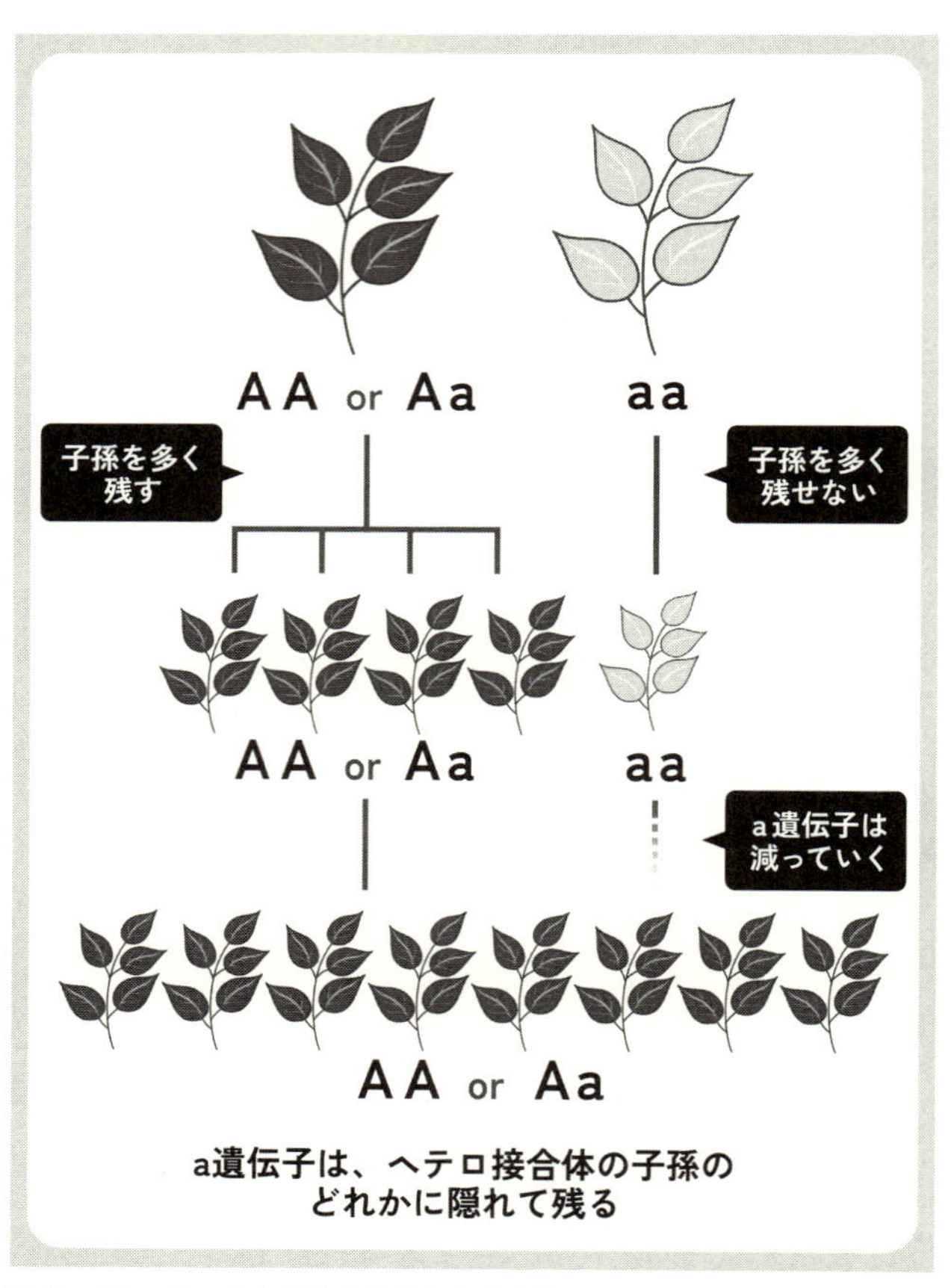

図2－2　aとaのホモ接合体はほとんど出現しなくなるが、aは低い頻度ながら、Aaのヘテロ接合体にずっと存在し続ける

れほどではないけれど、昔なら色覚変異の人は、生きていくうえでかなり不利だったに違いない。それでも色覚変異の遺伝子がずっとなくならないのは、ある程度まで数が減ると自然淘汰が作用しなくなるからだ（ただし色覚変異の人のほうが、暗いところで形を見分ける能力が高い可能性はある）。

ちなみに今回の話とはあまり関係ないけれど、私はかなりの近眼である。もし眼鏡をしていなければ、大きい交差点だと信号がはっきり見えないので、横断歩道を渡ることすらできない。昔だったら獲物は捕まえられないし、動物が近くに来るまで気づかないし、たちまち肉食獣に食べられてしまっただろう。目というのはとても大事な器官なのだ（当たり前だけれど）。

なぜ不利な遺伝子はいつも潜性なのか

さて、不利な遺伝子が潜性のアレルであった場合、自然淘汰は不利な遺伝子を除去できないことはわかった。しかし、不利な遺伝子が、かならず潜性のアレルであるとはかぎらない。顕性のアレルかもしれないし、そもそも顕性・潜性という分け方に当てはまらないアレルかもしれない。そこで、思考実験の２つ目だ。

たとえば、マルバアサガオの花の色を決めるアレルは、顕性や潜性という関係ではない。AAのときは赤で、Aaのときはピンク色で、aaのときは白くなる。これは不完全顕性と呼ばれる関係だ。もしもこのとき、赤が有利で、白が不利で、ピンクがその中間であったなら、アレルaは、自然淘汰の監視の目から逃れることはできない。まずaaの白い花が、まっさきに除去されるだろう。しかし、AAの赤い花に比べれば、Aaのピンク色の花も相対的に不利なので、Aaも除去されていく。その結果、最終的にaは完全に除去されてしまう。

また、もしも顕性のアレルが不利なら、このアレルも自然淘汰の監視の目を逃れることはできない。AAやAaが着実に除去されていく。そして最後の1個のアレルまで、完全に除去されてしまうだろう。

つまり、不利なアレルが潜性でない場合は、すでに除去されてしまって残っていないのだ。不利なアレルが潜性であったときだけ、自然淘汰の監視の目を逃れて生き残ることができる。だから不利な遺伝子は、たいてい潜性のアレルなのだ。

このように、自然淘汰には、すべての不利な遺伝子を除去する力はない。自然淘汰のメカニズム自体は単純だが、実際に作用するプロセスには複雑なものもあるのだ。でも考えてみれば、単純なほうがよいこともある。科学では一般に、より単純な法則を発見したほうが、より価値があるとされる。だから、進化のメカニズムとして自然淘汰を発見したことは、ダーウィンの素晴らしい業績だ。だからといって、それは「生物学者はアホだ」という意見の反証にはならないかもしれないけれど。

不利な遺伝子が潜性でない場合は？

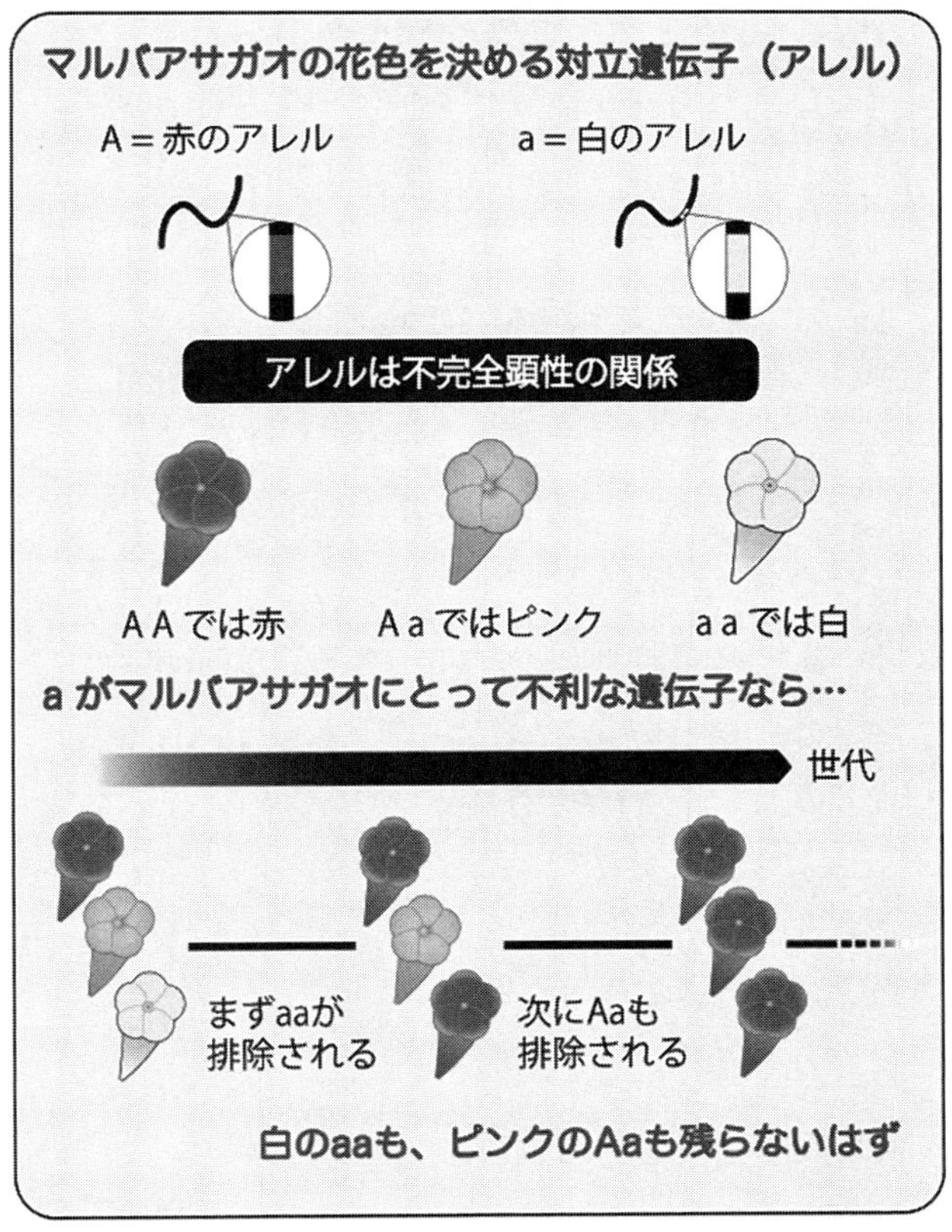

図２－３　不利なアレルが完全な潜性でなかったら、すでに除去されてしまって残っていないはずだ

性淘汰と自然淘汰の関係をみる

飛べるのが不思議!?　シュールなハエ

生物は環境に適応するように進化する、と一般には考えられている。ある環境において、その生物が生存できる可能性を高めるように進化していくというわけだ。しかし、じつは、生きていくために不便な特徴が進化することは、そう珍しいことではない。

シュモクバエは、おもにアフリカやアジアの熱帯に生息するハエである。多くの種がいるが、その一部は左右の眼が非常に離れており、かなりシュールな印象を受ける。頭部から、眼柄（がんぺい）と呼ばれる棒のような構造が左右に伸びており、その先端に眼がついているのだ。眼柄はオスにもメスにもあるが、とくにオスの眼柄は長く、片側だけで体長を上回ることさえある。ちなみに、鐘などを打ち鳴らすための道具を撞木（しゅもく）という。これはT字型をしており、シュモクバエの名前はここからきている。

シュモクバエの眼柄は非常に長いので、飛んだり歩いたりするときに邪魔になるだろう。これは生きていくために不便な特徴と考えられるが、どうしてこんなものが進化したのだろうか。自然淘汰は生きていくために便利な特徴を進化させるのではないのだろうか。

図2－4
シュモクバエ（眼柄ハエ）（Rob Knell）

不便でも子孫を残すために必要だった

あるシュモクバエは、森林を流れる川の近くに棲んでいる。昼間は単独で行動し、地面などを歩いて菌やカビなどを食べている。しかし、夜になると、草木の細い根に集まってきて、集団で休む。川の岸には草木の細い根が垂れ下がっていて、その根にたくさんのハエがつかまって休むのである。

根につかまっているのはたいていメスで、30匹ぐらいが1本の根に集まっていることもある。一方、オスは根の上のほうに止まり、根の下のほうに摑まっているメスたちを守っている。つまり、川に垂れ下がっている1本の根がオスの縄張りで、その根に摑まっている多くのメスとハーレムを形成しているのである。

縄張りを持っているオスは、多くのメスと交尾して、多くの子孫を残すことができる。しかし、縄張りを維持するためには、他のオスと争って勝ち続けなければならない。縄張りを狙って外からやってきたオスは、根に止まると、縄張りを守るオスと向かい合う。そして、左右に離れた眼を突き合わせる。眼柄の先端に眼があるため、自分と相手の眼柄の長さを、正確に見比べることができるのだろう。そして、縄張りを守るオスのほうが眼柄が長ければ、やってきたオスは立ち去る。

しかし、眼柄の長さが同じか、やってきたオスのほうが長ければ、闘いが始まり、おたがいに頭をぶつけ合い始める。だが、この場合も、たいてい眼柄の長いオスが勝者となる。結局、眼柄が長いほうがメスと交尾するチャンスが増えるので、子孫をたくさん残すことができる。そのため、たとえ生きていくために不便でも、長い眼柄が進化したのだと考えられる。このような進化のメカニズムを、通常の自然淘汰（環境淘汰とも呼ばれる）と区別して、**性淘汰**と呼ぶこともある。

性淘汰は自然淘汰の一つ

自然淘汰は「生存」に有利になるように働き、性淘汰は「繁殖」に有利になるように働く、と表現されることもある。つまり性淘汰は、「繁殖」に有利であれば、「生存」に不利な特徴でも進化させるということだ。それなら、性淘汰は自然淘汰とは違うもののように思えるが、そういう理解で正しいのだろうか。

自然淘汰の仕組みは以下のように表せる。

1：同種の個体間に遺伝的変異（個体間で異なる特徴のなかで、子に遺伝するもの）がある

2：生物は過剰繁殖をする（実際に生殖年齢に達する個体数より多くの子を産む）

3：遺伝的変異によって、生殖年齢に達する子の数が異なる

4：より多く生殖年齢に達する子が持つ変異が、より多く残る

丁寧に書けば以上のようになるが、要するに「より多くの子を残す変異が増えていく」のが**自然淘汰**である。

自然淘汰を説明した1〜4の文のなかに、「生存に有利になる」とか「環境に適応する」とかいう言葉は出てこない。自然淘汰によって増えていく特徴は「多くの子を残す」特徴であって、「生存に有利になる」特徴でもなければ「環境に適応する」特徴でもないのである。

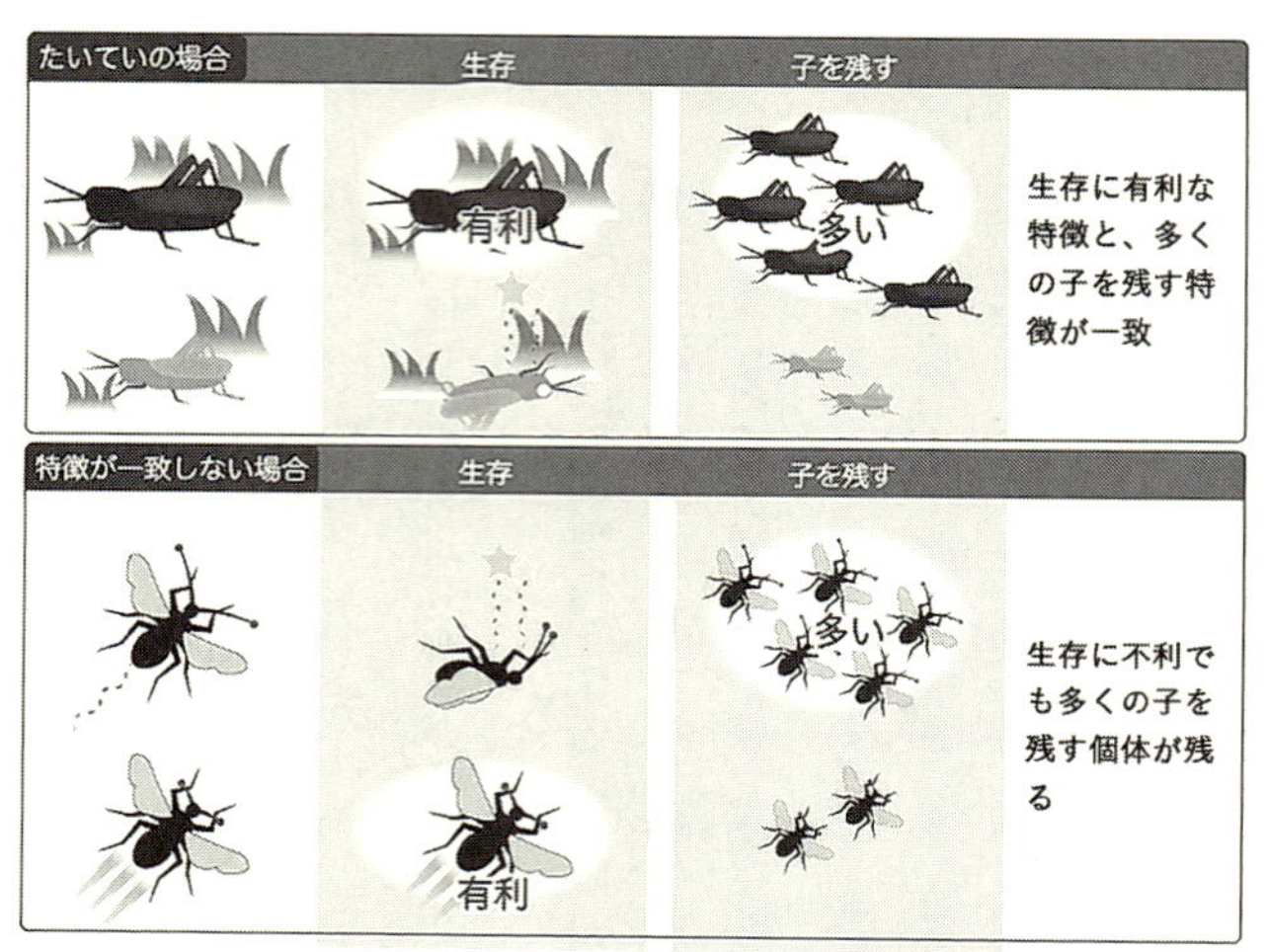

図2－5　たいていの場合、生存に有利で環境に適応する特徴が子を多く残すが、生存に不利でも子を多く残す場合は「子を多く残す」特徴が増えていく

とはいえ、たいていの場合、「多くの子を残す」特徴は、「生存に有利になる」特徴や「環境に適応する」特徴と一致する。そのため便宜的に、自然淘汰は、生物が「生存に有利になるように働く」、あるいは「環境に適応するように働く」と表現されることもあるわけだ。しかし、もしも「生存に有利になる」特徴や「環境に適応する」特徴と、「多くの子を残す」特徴が一致しない場合は、自然淘汰は「多くの子を残す」特徴を持つ個体を増やしていくのである。

だから、性淘汰は自然淘汰の一つである。シュモクバエは、眼柄が長いと、生存には不利だが、多くの子を残せる。眼柄が短いと、生存には有利だが、少ししか子を残せない。そういう場合、自然淘汰は「多くの子を残す」ほうを増やしていく。つまり、シュモクバエの場合は、眼柄が長くなるほうを増やしていく。その結果、シュモクバエは眼柄が長くなるように進化したのだろう。

生物が「多くの子を残す」要因には、いろいろなものがある。つまり、自然淘汰が起きる要因には、いろいろなものがある。たとえば、飛ぶ速さの違いや、病気への抵抗性の違いや、受精数の違いなどだ。そして、それらのなかで、要因が受精数の違いである自然淘汰のことを、性淘汰というのである。

オレンジ色好きは、生存のため？　繁殖のため？

南米北部などに棲むグッピーは、変化に富んだ美しい色をした魚であり、観賞魚として親しまれている。メスよりもオスのほうがずっと派手で、鮮やかな色や模様が体についている。とくにカリブ海のトリニダード島に棲むグッピーはよく研究されており、オレンジ色の部分が多いオスを、メスが好むことが知られている。

そこで、こんな実験がなされた。グッピーの水槽に、さまざまな色の小さな円盤を入れてみたのである。するとグッピーは、他の色の円盤よりも、オレンジ色の円盤をつつく回数が多かった。これは、もしかしたらメスが、オレンジ色の円盤をオスと間違えたせいかもしれない。でも、それだけではなさそうだ。なぜなら、メスだけでなく、オスもオレンジ色の円盤をつつく回数が多かったからだ。

グッピーは、川に落ちてくるオレンジ色の果物を食べる。そのため、オレンジ色の物体を好んでつつくグッピーは、生存に有利である可能性が高い。そうであれば、自然淘汰によってオレンジ色を好む傾向が進化しても、不思議はないだろう。そういう、オレンジ色を好む集団の中で、たまたま体にオレンジ色の斑点がついたオスが現れたとしよう。すると、そういうオスは、メスに好まれたかもしれない。その可能性は十分にあるし、そうであれば、オスの体はどんどんオレンジ色に進化していくことだろう。

図2－6
オス（右）とメスのグッピー

そのほうがメスと交尾するチャンスが増えて、多くの子を残せるからだ。

しかし、派手な色をしていれば、捕食者には見つかりやすくなる。そのため、生存には不利になる。つまり、オスの体がオレンジ色に進化すると、「繁殖」には有利になるが「生存」には不利になるので、これはシュモクバエの場合と同様に、性淘汰の例といえる。でも考えてみれば、「オスの体がオレンジ色に進化する」ためには、「オレンジ色を好む性質が進化する」ことが必要である。体がオレンジ色になることと、オレンジ色を好むことは表裏一体なのだ。

性淘汰と自然淘汰の区別は難しい

では、オレンジ色を好む性質が進化したことも、性淘汰の例だろうか。たしかに、そういう面もあるだろう。しかし、オレンジ色を好むグッピーは、川に落ちてきたオレンジ色の果物をいち早く見つけて食べることができるかもしれない。そう考えれば、オレンジ色を好む性質が進化したことは、オスにとってもメスにとっても生存に有利だとも考えられる。また、メスがオレンジ色を好むことによってオスがオレンジ色の体に進化したことは、メスにとっては生存に有利でも不利でもないが、オスにとっては捕食者に見つかりやすいので、生存に不利だとも考えられる。

何だかよくわからなくなってきた。そもそも生物が生存していくためにはさまざまな条件が必要なので、ある現象が、生存に関する一部の条件には有利でも、他の条件には不利だということはあるだろう。そして、それは繁殖に関する条件についても言えることだ。さらに、生存に有利な条件と繁殖に有利な条件が重なることもあるはずだ。そういう場合は、進化のメカニズムを自然淘汰と性淘汰に分けて考えても、あまり意味はないかもしれない。ようするに、自然淘汰も性淘汰も、「より多くの子を残す変異が増えていく」現象だ。性淘汰は自然淘汰の一部と考えたほうがよいだろう。

集団における自然淘汰の働き

「同種の個体を殺すのは人間だけである。人間以外の動物は、たとえ同種の個体同士で争いになっても、相手を殺すまで闘うことはない。残忍に思えるオオカミも、敵わないと思って相手が服従のポーズを取れば、そこで闘いは終わる。こういう行動は、種を存続させるために進化したものである」

私が学生だったころの話だが、動物の行動についてこのように教わった。もちろん、これは正しくない。同種の個体同士で殺し合いをする動物はたくさんいる。たとえば、サルの仲間ではハヌマンラングールやチンパンジーなど、その他の哺乳類ではライオンやイルカなど、鳥の仲間ではカモメやレンカクなど、昆虫ではタガメやミツバチなどで、同種の個体を殺す行動が観察されている。

また、オオカミといえば、人類学者であるパット・シップマン[*]（1949-）が、アメリカのイエローストーン国立公園で目撃した例が忘れられない。

８頭のオオカミの群れが、死んだバイソンを食べていた。それからオオカミの群れは、川へ下りて、水を飲んだり、泳いだり、うたた寝をしたりしていた。そのとき、まだオオカミの群れが川から立ち去っていないのに、よそから来た１頭のオオカミが、バイソンの死肉をあさり始めた。それに気づいたオオカミの群れが、よそ者のオオカミに突進した。よそ者のオオカミは逃げたが、それでもオオカミの群れは諦めずに追いかける。その追跡は執拗で、群れを先導するオオカミを交代させながら、追いかけ続ける。

ついに、群れのオオカミの１頭が、よそ者のオオカミの尾に食らいついた。そして、取っ組み合いが始まると、群れの他のオオカミも、取っ組み合いに飛び込んでいく。現場は藪の陰になって見えなかったが、獣毛が激しく舞い上がった。その後、よそ者のオオカミがふたたび立ち上がることはなかった。おそらく、体をバラバラに食い千切られてしまったものと思われる。

ハダカデバネズミの自己犠牲

私が学生のころに教わったことの最初の部分、つまり「同種の個体を殺すのは人間だけである」という主張が間違いであることは、広く認識されつつあるようだ。しかし、教わったことの最後の部分、つまり「種を存続させるために進化した」という主張が間違いであることは、今で

図2－7　ハダカデバネズミの模型（Chiswick Chap）

もあまり認識されていないのではないだろうか。

たしかに、動物の行動のなかには、自分のためではなく、あたかも種のために行っているように見えるものがある。

たとえば、アフリカのサバナの地下にトンネルを掘って棲んでいるハダカデバネズミは、群れのなかに階級があることで知られている。子を産むことができる「女王ネズミ」と、女王ネズミと交尾する「王様ネズミ」、そして餌の採取や子の世話やトンネルの掘削や警備を行う「働きネズミ」である。数十匹（多いときは200匹以上）からなる群れのなかに、女王ネズミは1匹、王様ネズミは数匹いるだけで、他はすべて働きネズミである。働きネズミは繁殖せず、ひたすら女王と王様に尽くして一生を終える。どう考えても、自らを犠牲にして種のために尽くしているとしか思えない。それにもかかわらず、こういう行動は、どうやら種のために進化したのではなさそうだ。

なぜこういう行動が進化したか、についての説明の一つは、血縁関係の側面からなされる。自らは子を残さず女王や王様に尽くす、という働きネズミの遺伝子は、子を通じて子孫に伝えることはできないので、血縁者を通じて子孫に伝えられる。その際に、働きネズミとその血縁者（女王ネズミと王様ネズミ）の損得が問題になる。

働きネズミは血縁者に尽くすのだから、いわば損をする。反対に、血縁者は得をする。このような状況で、働きネズミが「損をした分」を、血縁者の「得をした分×血縁度」が上回れば、そういう遺伝子は増えていく、つまり、そういう行動は進化する、という説明だ。ちなみに、血縁度というのは遺伝的な近縁度を示す尺度で、私たちヒトの場合、「親子」や「兄弟姉妹」の血縁度は2分の1で、「祖父母と孫」や「おじ・おばと甥姪（おいめい）」の血縁度は4分の1になる。

ただし、ハダカデバネズミの行動は、血縁関係だけで、すべてが説明できるわけではない。たとえば、他の個体の労働を邪魔するハダカデバネズミがいる。そういう行動は群れ全体の利益にならないと考えられるので、ますます「種のための進化」という考えは旗色が悪くなる。

ところで、こういう血縁関係の説明に納得したからといって、「種のための進化」を否定する気分にはならないかもしれない。一つの現象に複数のメカニズムが働いていたって、少しもおかしくないからだ。利他行動は、遺伝子のレベルで説明できると同時に、種のレベルでも説明できる可能性も残っているのである。

集団の進化は遅い

ただし、「種」という概念はややあいまいなので、ここでは「種」の代わりに「集団」を考えることにする。つまり、自然淘汰は集団のレベルでも働くかを検討するわけだ。そして、先に結論を言ってしまうと、自然淘汰は集団レベルでも働くことはあるけれど、その力は非常に弱く、ほとんどの場合ゼロと考えてよいのである。

その理由はいくつかあるのだが、ここでは単純なケースを例にして2つだけ説明しよう。その1つ目はスピードがとても遅いことである。仮に、種がいくつかの集団にきっちりと分かれているとしよう。その集団は絶滅することもあるし、新しい集団を生み出すこともある。新しい集団を生み出すというのは、集団の一部の個体が別の場所に移住して、そこで新しい集団（子集団）を形成することだ。

こういう集団に、自然淘汰が働くことを考えよう。この場合、より多くの子集団を生み出す集団ほど、適応度が高いと表現される。つまり、個体の適応度は作った子の数だが、集団の適応度は作った集団の数になる。しかし、集団ができてから絶滅するまでには時間がかかる。それは個体の一生よりもはるかに長い。また、新しく集団ができることも、それほど頻繁にあることではないだろう。個体はしょっちゅう新しい個体を作るけれど、それに比べたら新しい集団ができる

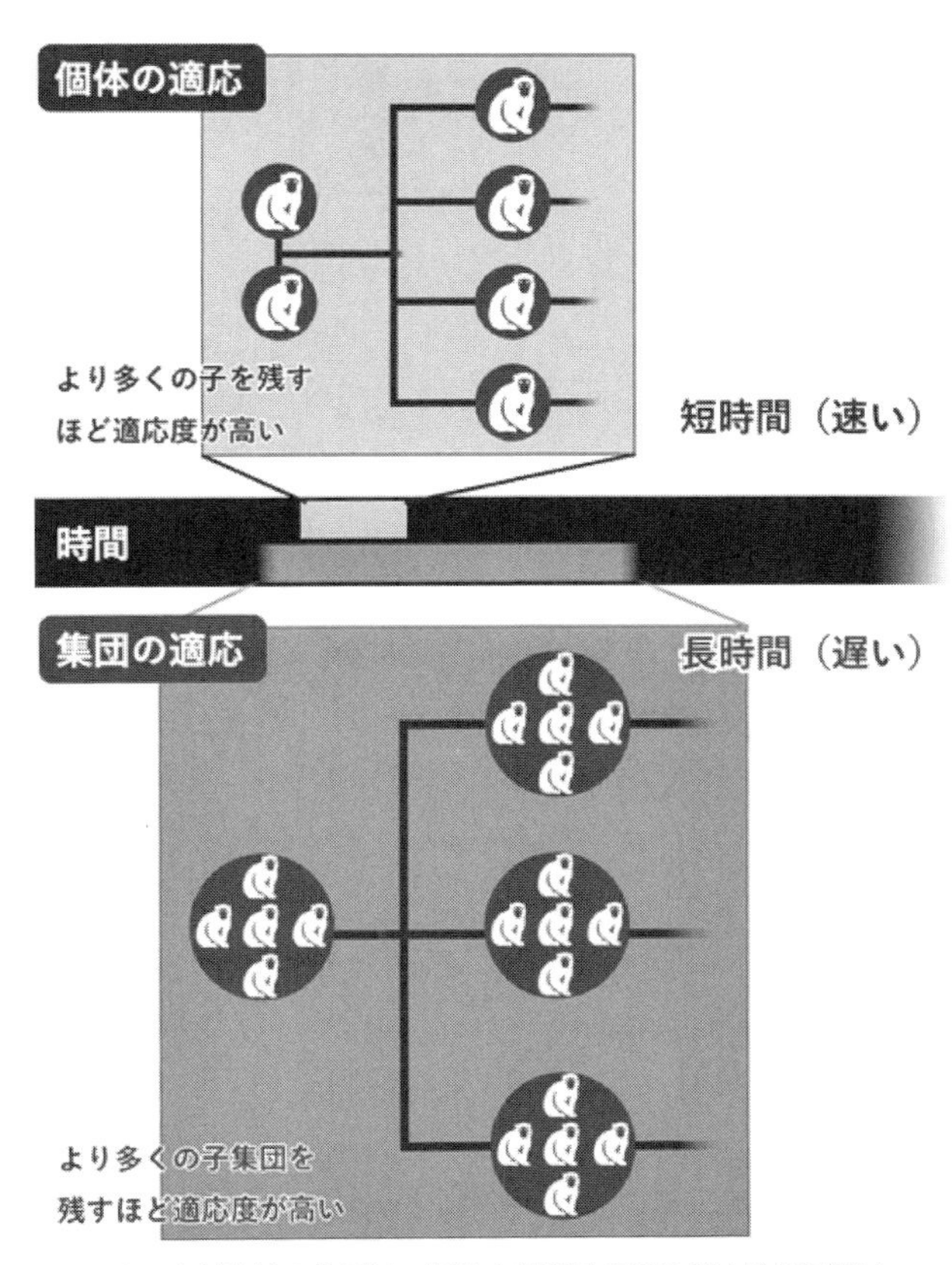

図２－８　自然淘汰の作用は、個体より集団のほうがはるかに遅い

ことは滅多にないと言ってもよい。

一方、自然淘汰が作用する速さは、世代交代の速さに左右される。世代交代が速いほうが、自然淘汰が速く働くのである。したがって、個体に作用する自然淘汰は、集団に作用する自然淘汰より、はるかに速く働くと考えられる。そうであれば、集団に作用する自然淘汰は、個体に作用する自然淘汰に圧倒されて、ほとんどかき消されてしまうはずだ。

集団の数は少ない

2つ目の理由は、集団の数が少ないことだ。個体の数に比べて、集団の数はずっと少ない。そのため、自然淘汰はあまり働かないと考えられる。

サイコロを投げて1が出る確率は6分の1である。だからといって、サイコロを6回投げれば、かならず1が1回出るとは限らない。1回も出ないかもしれないし、3回出るかもしれない。3回出た場合、1が出た割合は2分の1になる。しかし、サイコロを1万回投げれば、1が出る割合はかなり6分の1に近くなるだろう。1万回投げて、そのうちの半分、つまり5000回が1だったら、誰でもびっくりするはずだ。そんなことが起きる確率は、1兆分の1よりも1京分の1よりも、ずっとずっと小さいからだ。

このように、サイコロを投げる回数が多ければ、1が出る割合は6分の1からあまり外れない

	⚀	⚁	⚂	⚃	⚄	⚅	
6回投げたら	3回	0回	1回	0回	2回	0回	バラバラ
60回投げたら	10回	13回	9回	8回	13回	7回	1/6に少し近づいた
⋮							
6000回投げたら	994回	1041回	970回	982回	1072回	941回	ほぼ1/6
⋮							

表２－３　回数が少なければ少ないほど、偶然の作用がより強く働く

けれど、投げる回数が少なければ、6分の1から大きく外れることもある。つまり、回数が少なければ少ないほど、偶然の作用がより強く働くのである。

進化のメカニズムには、自然淘汰のほかに遺伝的浮動もある。遺伝的浮動は遺伝子頻度が偶然に変化することなので、いわば進化における偶然の作用といえる。個体の数が多いときは、遺伝的浮動より自然淘汰のほうが強く働くので、生物は着実に、環境に適応するように進化していく。しかし、個体の数が少ないと、遺伝的浮動が強くなって、自然淘汰の作用はかき消されてしまう。こういうときには、生物は環境に適応しないように進化することもあるわけだ。

集団の数はかなり少ない。そのため、自然淘汰はあまり働かないと考えられる。偶然の力に飲み込まれてしまうからだ。一方、個体の数は集団の数よりはるかに多いので、個体レベルの自然淘汰は着実に働き続け

るはずだ。

さきほど述べたように、「集団のための進化」に否定的な根拠はこれだけではないが、この2つから推測するだけでも、「集団のための進化」は非常に起こりにくいことがわかるだろう。そして、「種」は「集団」よりたいてい大きく、自然淘汰はさらに働きにくい。そのため、「集団のための進化」は事実上起こらないと考えてよさそうだ。

一見したかぎりでは、種のために進化したと思える行動はたくさんあるけれど、そういう行動に出会ったときは、まずは立ち止まって冷静に検討してみることが必要ではないだろうか。


（＊）Pat Shipman（2015）*The Invaders*（Harvard University Press, Cambridge, Massachusetts）.（邦訳『ヒトとイヌがネアンデルタール人を絶滅させた』河合信和監訳、原書房）

生存闘争——地球の定員をめぐる闘い

小学生の戦争

小学生の花子さんは太郎くんのことが好きだ。ところが、草子さんも太郎くんのことが好きらしく、事あるごとに太郎くんにちょっかいを出してくる。そんな草子さんの行動に、花子さんはいつもイライラしていた。

そんなある日、草子さんが太郎くんを、親しげに「タッくん」と呼んでいるのを聞いて、花子さんの怒りは爆発した。

「ちょっと、草子っ。太郎くんのこと、タッくんとか呼ばないでよっ」

「どうして花子に、そんなこと言われなきゃいけないの？　べつに太郎くんは花子のものじゃないでしょ？」

「うるさいわね。とにかく、タッくんとか呼ぶのは許さないわっ」

花子は草子につかみかかった。草子も負けじと応戦する。しかし、周りの生徒が割って入り、2人は引き離された。

「あんたなんかに太郎くんは渡さないわ、勝負しましょうよ、草子。宣戦布告よっ」

「宣戦布告って何よ。私とあんたが戦争するってこと?」

「そ、そうよ、あんたとは戦争よっ!」

その日の夜。「戦争」という言葉を真に受けた草子さんは、本物のミサイルを発射し、花子さんの家に命中させた。花子さんの家は木っ端みじんとなった。命からがら逃げだしてきた花子さんは、髪の毛が焼け焦げ、顔は真っ黒だ。

「ちょ、ちょっと、草子。あ、あんた、なにしてんのよ?」

「だって、私と花子は戦争してるんでしょ? 戦争だったら、ミサイルを撃ち込むぐらいふつうじゃない」

「そ、そりゃ、たしかに、戦争とは言ったけど……」

「戦争」という言葉を比喩として使った花子さんと、真に受けてしまった草子さん。こういう誤解は、進化論の世界でも起きている。ダーウィンは「生存闘争」という言葉を比喩として使ったのだが、日本の有名な生物学者の中には、草子さんのように、真に受けてしまった人もいたようだ。

残酷な進化論と平和な進化論

以前、私は会社に勤めていたが、そのときの社内報のエッセイに、こんなことが書かれていた。

「西洋では競争の原理をもとに、残酷な進化論が生まれた。しかし、日本では共存の原理のもとに、平和な進化論が生まれたのである」

これはもう何十年も前の話だけれど、今でもこういうイメージを持っている人は、結構いるのではないだろうか。しかし、このようなイメージは、「生存闘争」というたった一つの言葉に対する誤解から生じていると思う。ちなみに、西洋の進化論というのは、ほぼダーウィンの進化論を指しており、日本の進化論というのは、ほぼ今西進化論を指しているようだ。

ダーウィンの著書である『種の起源』には、「生存闘争」という章がある。ダーウィンは、すべての生物は生きるために闘争をしているという。う～ん、何て残酷な考えなんだ。闘って勝ったものが生き残るということか。やっぱり、ダーウィンの進化論は残酷だな。実際には平和な進化だって存在するのに、ダーウィンは知らなかったのだろうか。いや、もちろん知っていたのである。

闘争しない生存闘争

ダーウィンは『種の起源』の中で、生存闘争（原文ではthe struggle for lifeまたはthe struggle for existence）という言葉を比喩的な意味で使っていると、何度も述べている。やはりダーウィンも、生存闘争という言葉が誤解されることを心配していたのだ。だから『種の起源』では、生存闘争の例をいくつも挙げている。

その中には、腹を空かせて死にそうな2頭の肉食動物が、食べ物をめぐって争う例もある。たしかにこれは、生存闘争という感じだ。闘って勝ったほうは生き残れるけれど、負けたほうは死んでしまうかもしれないからだ。

でも、植物が旱魃（かんばつ）と生存闘争する例もある。この場合は明らかに、植物と旱魃が実際に闘うわけではない。植物は旱魃になっても、ただ生き延びようとするだけだ。その結果、植物は生き延びることもあるし、死んでしまうこともあるだろう。生き延びれば旱魃に勝ったことになるし、死んでしまえば負けたことになる。そういう比喩的な意味で、植物は旱魃と生存闘争をするのだ。ダーウィンは、必ずしも殺し合いのような意味で、生存闘争という言葉を使っているわけではないのである。

生物はたくさんの子を作る

それでも、まだダーウィンは、生存闘争という言葉が誤解されることが心配だった。そこで生存闘争という言葉を、さらに穏やかな表現で説明している。

生物は、実際に大人まで生き延びられる数より、多くの子を産む。たとえゾウのように、産まれる子の数が比較的少ない動物であっても、産まれた子がすべて大人まで成長して子を持てば、５００年ほどで地球はゾウだらけになってしまうというのである。

つまり地球には、産まれた子をすべて養うだけの力はないのだ。残念なことに、地球には定員があるのである。だから、それを超えた子が産まれると、何らかの方法で死ななくてはならない。ダーウィンは、この超過分の個体が死ぬ原因をひっくるめて、すべて生存闘争という言葉で表現しているのだ。

だから、もちろん生存闘争には、さきほどの肉食動物のように本当に闘うことも含まれるだろう。環境が悪くて生きていくのが難しいところに追い出されて、凍えたり飢えたりして死んでしまうことも含まれるだろう。しかし、環境がよくて快適な生活をしていても、病気になって死ぬ場合がある。温かい家族に手厚い看病を受けながら亡くなることも生存闘争なのだ。

たとえば、手厚い看病を受けながら若くして亡くなった人と、手厚い看病を受けて病気が治った若い人は、お互いに生存闘争をしていたのだ。たとえお互いに相手のことを思いやっていたとしても、片方が生き残れば、それは生存闘争をしていたことになるのである。

とにかく定員をオーバーした分の個体は、何らかの方法で死ななくてはならない。ダーウィンはそういう現象を、生存闘争と表現したのである。「生存闘争」という言葉を真に受けてはいけない。ダーウィンはこの言葉を、比喩的に使っているのだから。きっとダーウィンも、花子さんのような気持ちだったに違いない。

「そりゃ、たしかに、生存闘争とは言ったけど……」

ダーウィンの、そうつぶやく声が聞こえてくるようだ。

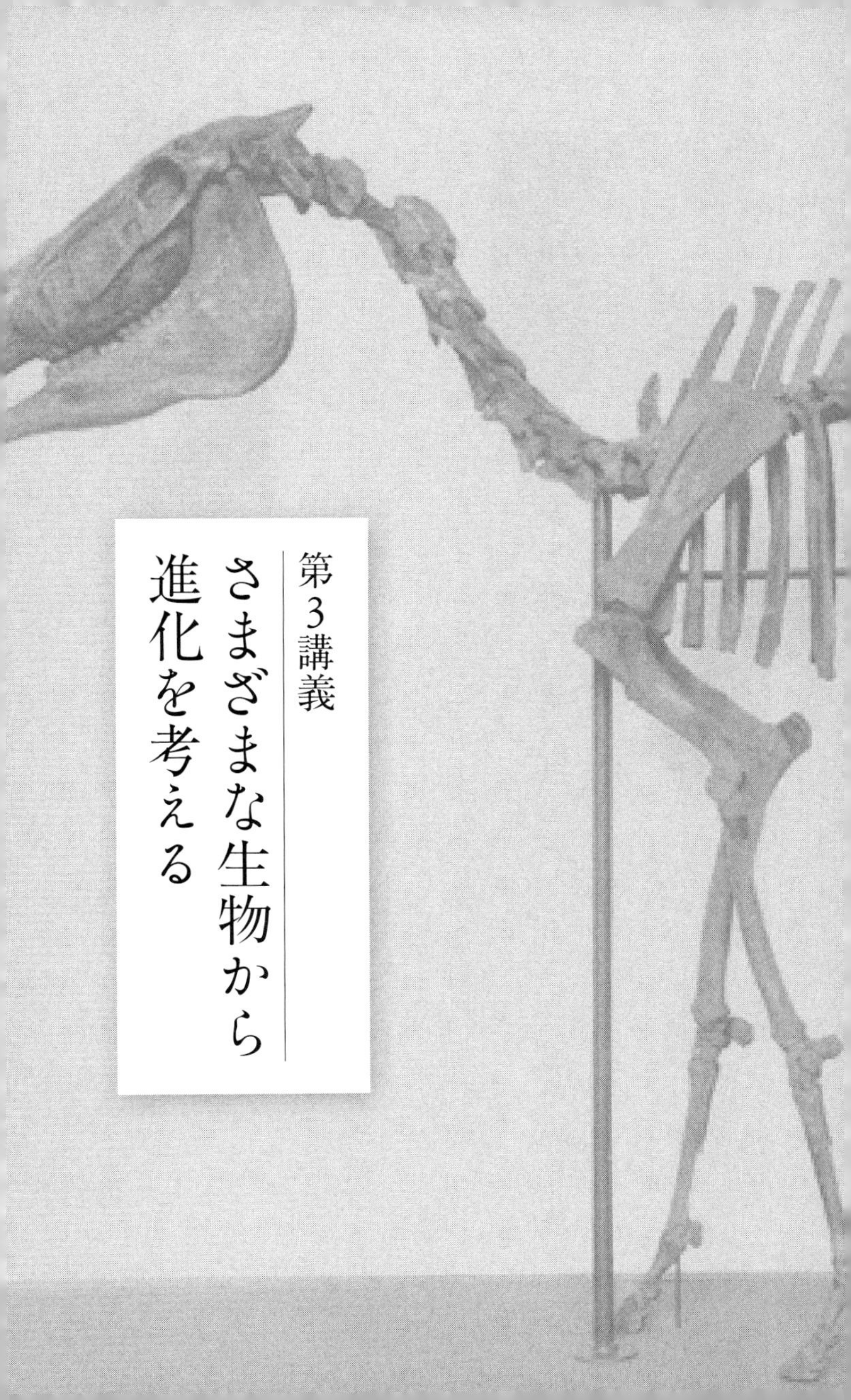

第3講義
さまざまな生物から進化を考える

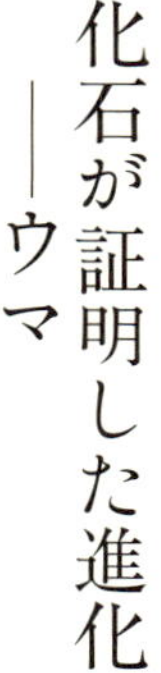

化石が証明した進化の道筋は偶然の結果なのか
――ウマ

かつて北アメリカには、ウマはいなかったと思われていた。15世紀にヨーロッパ人がウマを持ち込んだことによって、はじめて北アメリカにウマがもたらされたというのである。それに疑問を持ったのが、アメリカの古生物学者であったオスニエル・チャールズ・マーシュ（1831－1899）であった。彼はイェール大学を卒業した後、アメリカやドイツで地質学や古生物学などを学んだ。そして、そのドイツで、北アメリカにはウマがいなかったと習ったのだ。

図3－1　オスニエル・チャールズ・マーシュ

しかし、1868年に、マーシュはそれが誤りであることを明らかにした。ネブラスカ州にあるアンテロープ駅の近くで、たまたま小型のウマの化石を発見したのである。それを皮切り

図3－2　初期のウマ「エオヒップス」の復元図。マーシュにより、「始新世のウマ」という意味から名付けられたが、現在では「ヒラコテリウム」と呼ばれることが多い（Heinrich Harder）

に、マーシュは次々と、北アメリカでウマの化石を発見していくことになる。つまり、かつては北アメリカにも、たくさんのウマが生息していたわけだ。

マーシュは学生にも協力してもらって、始新世（約5600万年前－約3390万年前）から現在までの、大量のウマの化石を収集した。それらの化石を研究した結果、マーシュの目には、北アメリカにおけるウマの大きな進化傾向が浮かび上がってきた。

ウマの進化と草原の拡大

マーシュの考えによれば、ウマの進化に大きな影響を与えたのは、草原の拡大であった。始新世の頃に暮らしていた初期のウマは、温暖な森林で木の葉を食べていた。しかし、それから地球が寒冷化したり乾燥化したりすることによって、森林が草原に変わっていった。それに伴い、ウマも草原の生活に適応していった

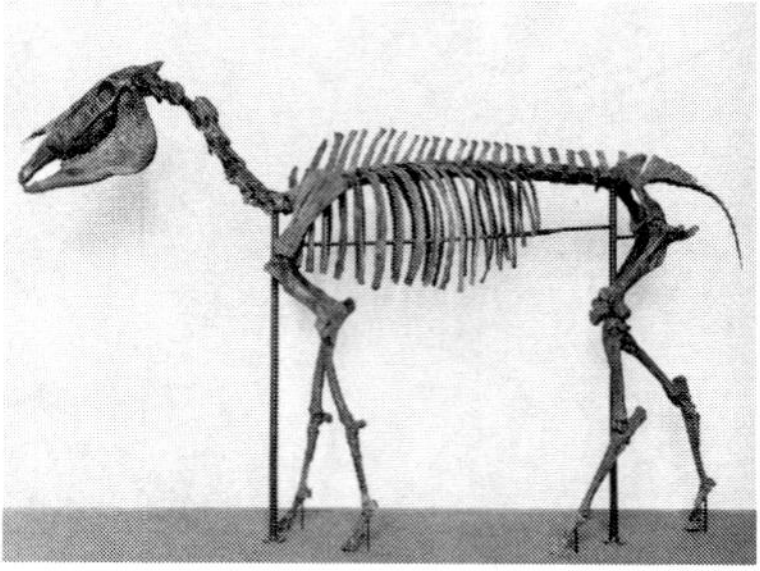

図3－3　ヘイガーマン化石層国定公園（米国）で見つかった「エクウス・シンプリシデンス（ヘイガーマン馬）」の化石（National Park Service／Photo：Faith Brown）

のである。

たとえば、寒さに耐えるために体は大型化していった。また、草原を走るための適応として、指が減って大きな蹄を持つようになった。また、草原の草を食べるために、歯も高くなっていった。一般に、木の葉よりも地面に生えている草のほうが、堅くて食べにくい。草原にはイネ科の草が多いが、それらは地中の珪酸を吸収して、ガラス質の物質として蓄積するので、嚙むとジャリジャリする。そういう葉を食べると歯がどんどん摩り減ってしまうので、ウマの歯は高くなったと考えられている（長冠歯と呼ばれる）。この長い歯が摩耗し尽くして草が食べられなくなったら、ウマの寿命は尽きることになる。

さて、マーシュが研究した種の一部を、時代を追って紹介しよう。

始新世に生きていた初期のウマであるオロヒップスは、前肢の指が4本、後肢の指が3本で、歯の高さは低かった。中新世（約2300万年前－約530万年前）のミオヒップスは、前後肢とも指は3本あるものの、実際に体重を支えているのは中央の1本だけで、歯も少し高くなっていた。

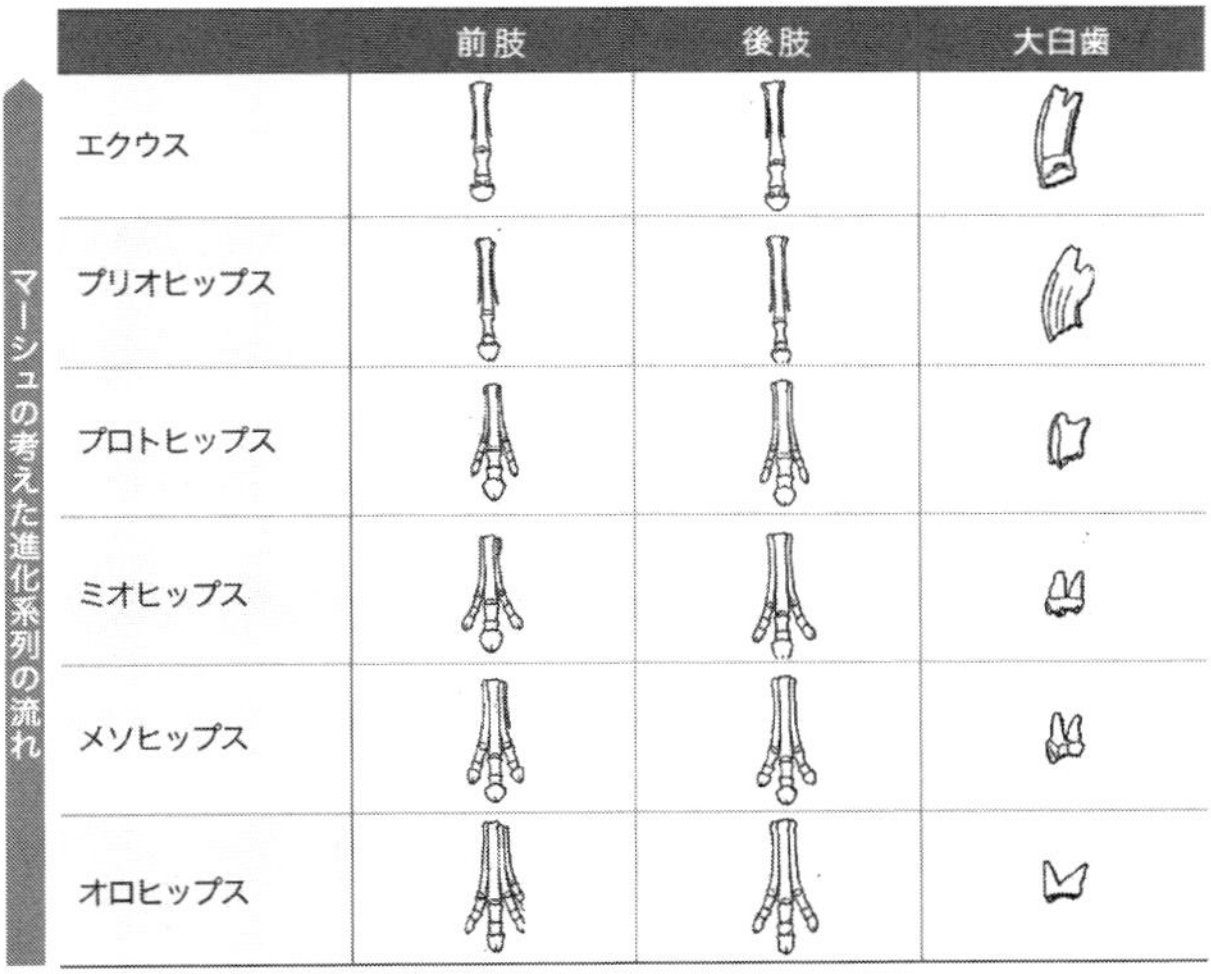

マーシュの考えた進化系列の流れ	前肢	後肢	大臼歯
エクウス			
プリオヒップス			
プロトヒップス			
ミオヒップス			
メソヒップス			
オロヒップス			

図3－4　マーシュが考えたウマの進化系列（Marsh, O. C. 1879. Polydactyl Horses, Recent and Extinct. *American Journal of Science* ,s3-17, 499-505. を改変）

そして、現在のウマであるエクウスでは指は中央の1本だけになり、両脇に痕跡的な指がかすかに認められるに過ぎない。歯も非常に高くなっている。また、体の大きさについても、後の時代のウマほど大きくなっていることが見てとれる。このように、マーシュは、直線的かつ連続的に変化していくウマの進化系列を発見したのである。

ダーウィンの進化論との同時代性

このようなマーシュの研究が行われたのは、ダーウィンの進化論が世界に広まった時期と一致する。

ダーウィンの有名な著書である『種

の起源』の初版がイギリスで出版されたのが1859年で、アメリカで出版されたのがその翌年の1860年だ。同じ1860年にはドイツ語訳が出版されているし、1862年にはフランス語訳、1864年にはオランダ語訳、イタリア語訳、ロシア語訳、スウェーデン語訳が出版され、『種の起源』は多くの国で知られるようになった。そして、アンテロープ駅の近くでマーシュがウマの化石を見つけたのが1868年であった（ちなみに『種の起源』の日本語訳は、学習院の教育学者である立花銑三郎（たちばなせんざぶろう）〔1867－1901〕の翻訳で1896年〔明治29年〕に出版されている）。

『種の起源』によって、生物が進化することは広く認められるようになったけれど、もちろん反論する人も少なくなかった。反論する根拠の一つとして、中間的な化石が見つからなかったことが挙げられる。

弱点だった「中間的な形態の生物の化石」の発見

ダーウィンが主張するように、生物が少しずつ変化することによって進化するのであれば、化石として知られる大昔の生物と、現生生物とのあいだに、中間的な形態の生物が存在したはずである。ところが実際には、そういう化石はほとんど見つからない。それは進化論が間違っているからではないか、というわけだ。

中間的な形態の化石が見つからない理由として、ダーウィンは化石記録の不完全性などを挙げたけれど、そこが当時の進化論の弱点であったことは確かである。しかし、マーシュは、まさにその中間的な化石を見つけたのである。マーシュが報告した北アメリカにおけるウマの化石記録は、まさにダーウィンの主張するような、少しずつ連続的に変化するウマの進化系列を示していたのである。そして、ダーウィン自身も、このマーシュの研究を、進化論が正しいことを示す証拠として評価したのであった。

何だか「めでたしめでたし」と話を終わりにしたくなる雰囲気だが、しかし、まだ話は終わらないのである。

マーシュが提出した証拠に基本的な間違いはないし、北アメリカにおけるウマの進化が、森林から草原へという環境の変化によって、大きく影響されたことも事実であろう。とはいえ前掲の「マーシュが考えたウマの進化系列」（図3－4）は、とても誤解を生じやすい図である。この図を見ると、ウマはこの図の下から上に向かって、一直線に進化したような印象を受ける。しかし、実際にはそういうわけではない。

たとえば、「図3－4　ウマの進化系列」の下から2番目に描かれているメソヒップスと3番目に描かれているミオヒップスについて考えてみよう。

以前はメソヒップスからミオヒップスが進化したと考えられていたが、事実はそれほど単純で

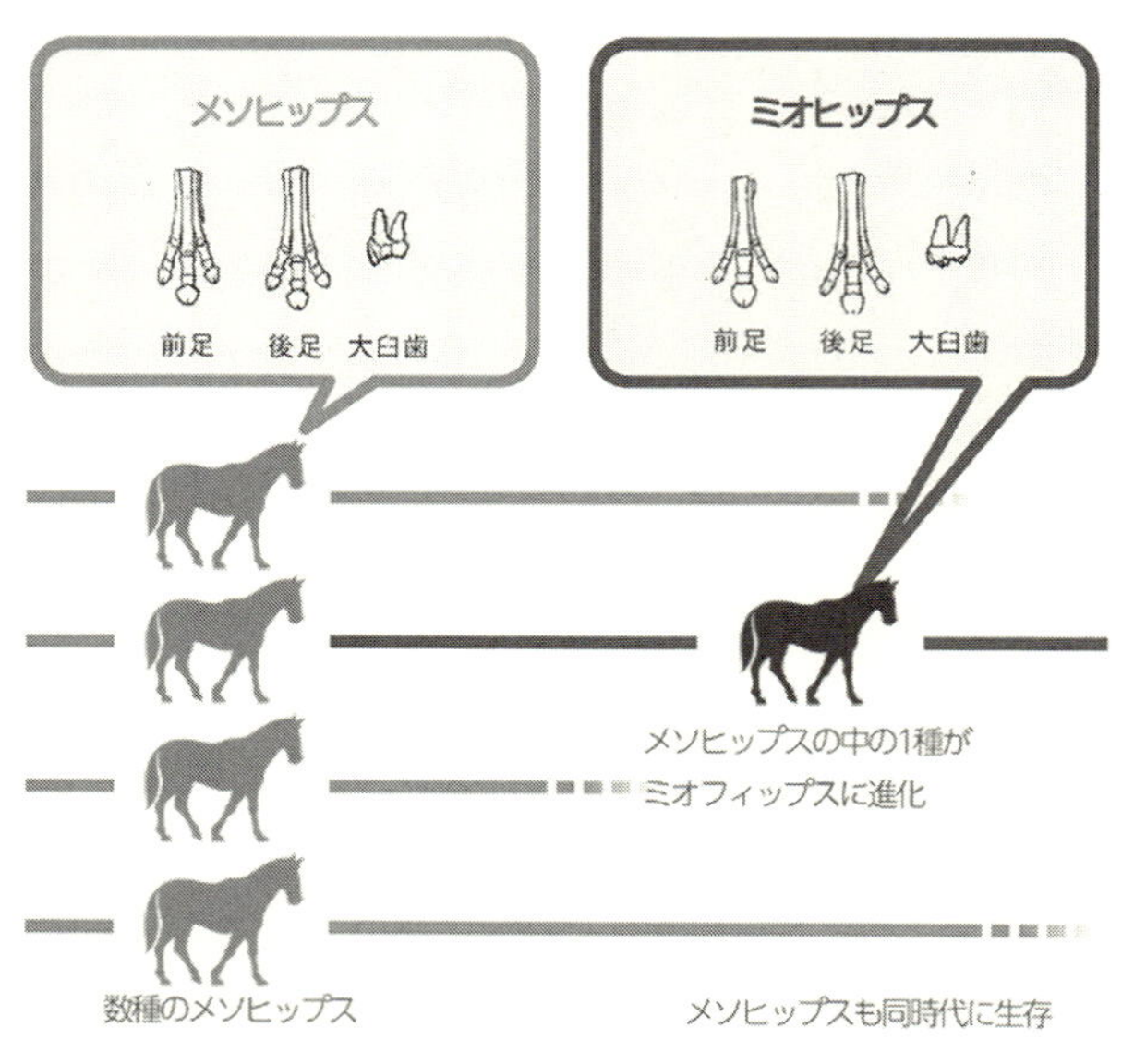

図３－５　メソヒップスからミオヒップスへの進化

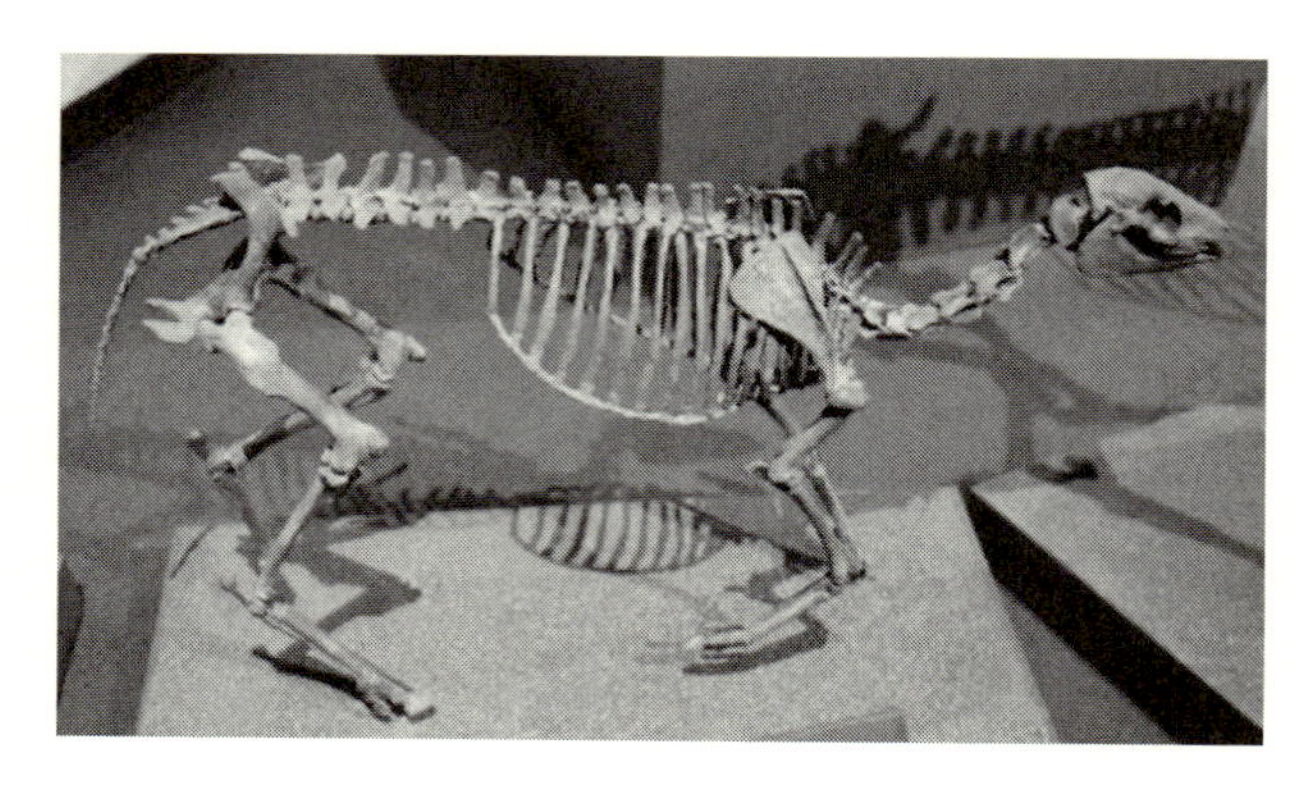

図３－６　ミオヒップスの化石（FLORIDA MUSEUM/Mark Mauno）

はないらしい。じつは、メソヒップスもミオヒップスも単一の系統ではなく、実際には多くの種に分かれていたようだ。そして、メソヒップスの中の一つの種がミオヒップスに進化した可能性は高いのだが、その後も多くのメソヒップスは絶滅することなく生き続けていたのである。

つまり、さまざまなタイプのウマが同時に存在しており、それらのすべてが同じ方向へ進化していったわけではないということだ。そのことは、ウマの指の数を考えるとわかりやすいかもしれない。

ウマの指はなぜ1本になったのか

現在のウマは指が１本しかないが、以前には、指は３本あるけれど体重を支える指は１本だけのウマがたくさんいた。しかも、その多くの種は数百万年にわたって、３本指を保持していたのだ。

その理由はよくわからないけれど、もしかしたら１本指よりも３本指のほうが有利な点があった可能性もある（たとえば、ぬかるみを歩くのに便利だったとか）。あるいは、１本指と３本指はどちらが有利ということもなく、どちらに進化するかは偶然だったのかもしれない。そうであれば、１本指のウマが現れてからも、３本指のウマが長期にわたってたくさん生き残っていた理由も納得できる。

現生のウマであるエクウスは、みんな1本指である。しかし、それは単なる偶然であって、場合によっては、現生のウマは、みんな3本指だったかもしれないのである。

進化の多様性と異形の生物――タリーモンスター

奇妙なタリーモンスター

アメリカのイリノイ州には、化石がたくさん見つかる地層として有名なメゾンクリーク層がある。メゾンクリーク層の年代はおよそ3億1000万年前で、時代としては古生代の石炭紀に当たる。

1955年にアマチュアの化石収集家だったフランシス・タリーは、このメゾンクリーク層で奇妙な化石を発見した。後にタリーモンスターと呼ばれるようになるこの化石は、10センチメートルほどの動物の化石で、頭部の先端が蛇のように長く伸びた構造になっていた。その一番前にはワニのような口がついており、口には歯のような構造も観察された。また、頭部からは細い棒状の構造が左右に突き出していて、その先端は眼になっていたと考えられている。

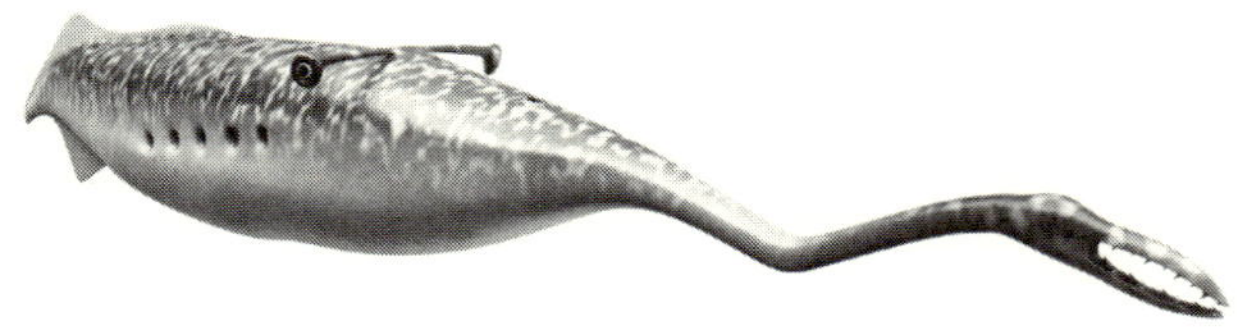

図3－7　上・トゥリモンストゥルム・グレガリウム（タリーモンスター）の化石（Paul Mayer/The Field Museum of Natural History）、下・化石から考えられる復元イメージ（Sean Mcmahon/Yale University）

こんな奇妙な生物は、現生生物の中にも、過去の化石の中にも見当たらない。そこで、タリーは、シカゴのフィールド自然史博物館にその化石を持ち込んで鑑定を頼んだが、博物館でも、この化石がどんな動物のグループに属するのか、まったくわからなかった（ちなみに、学名はトゥリモンストゥルム・グレガリウムと命名されている）。

進化論自体が破綻している証拠なのか!?

アメリカのテネシー州にあるブライアン・カレッジの生物学、地質学、科学史の教授であるニール・ドーランは、２０１７年に、このタリーモンスターに関する論説を発表した。その論説によれば、タリーモンスターは無限に賢い創造主によって創られたものだという。

進化論によれば、地球のすべての生物は一つの系統樹の中に収まるはずである。しかし、タリーモンスターのような奇妙な生物は、脊椎動物なのか無脊椎動物なのかさえわからない。つまり、他の生物との類縁関係が不明で、進化論による系統樹の中に収まらない。これは、進化論自

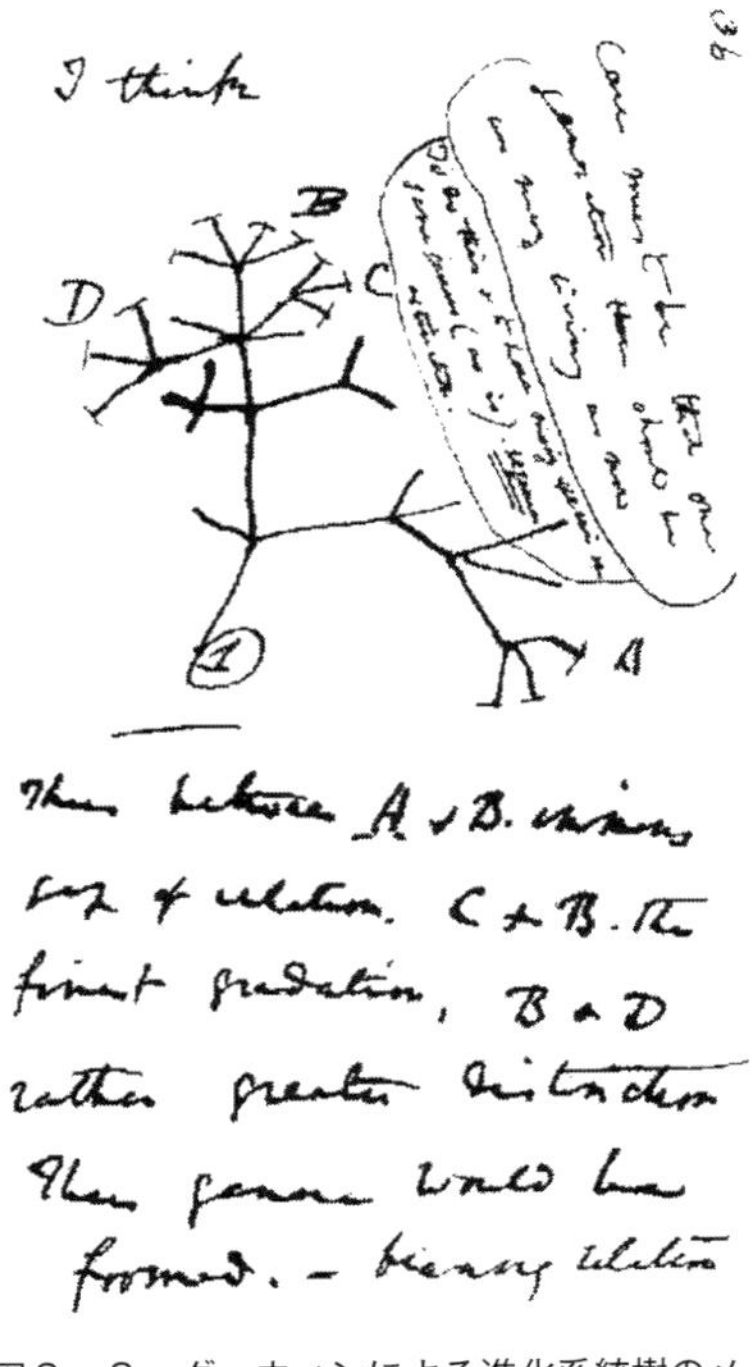

図３－８　ダーウィンによる進化系統樹のメモ（American Museum of Natural History）

体が破綻している証拠である、というのがドーランの考えだ。

一方、聖書によれば、タリーモンスターのような生物がいることは簡単に説明できる。創造主は生物を個別に作ったのだから、系統樹に収まらない生物がいても何ら不思議はない。ヒトは最初からヒトとして創られたし、タリーモンスターは最初からタリーモンスターとして創られた。ただ、それだけのことだ。生物は進化なんかしないのである。

タリーモンスターの最新科学研究

もちろん、タリーモンスターは進化によって生まれたと考えて、系統樹のどこに収まるかを科学的に追究した研究もある。

たとえば、2016年には、タリーモンスターは脊椎動物である、という研究結果が発表された。これは1000個以上のタリーモンスターの化石を分析して得られた結論で、たとえば体を前後に走っている構造は、脊椎動物の発生の初期に現れる脊索である、と解釈している。また、一部の化石では頭部に脳の輪郭が認められる、とも報告している。

その一方で、反論もある。2023年には東京大学のグループが、タリーモンスターは脊椎動物ではないという研究結果を発表したのだ。タリーモンスターは、脊椎動物を特徴づける構造をいくつか持っているとされていた。しかし、レーザーやX線を使って3次元的な形態解析を行っ

図３－９　東京大学による化石の3次元解析から考えられるタリーモンスターの新しい復元図（東京大学、絵・迫野貴大）

たところ、それらの構造は脊椎動物のものとは異なることが明らかになったのである。

　ということで、タリーモンスターの系統学的な位置は、今も不明である。いくつか仮説は提出されているのだが、残念ながら決定的なものはないようだ。

タリーモンスターは本当に不思議な生物か？

　たしかにタリーモンスターは、少なくとも今のところは、系統樹にうまく収まらないようだ。したがって、系統樹にうまく収まらないという意味では、ドーランの説に強く反対する根拠はない。実際にアメリカでは、ドーランの考えは一定の支持を得ているのだ。

とはいえ、タリーモンスターが進化によって生み出されたことは確実である。少なくとも私はそう考えているが、そう考える理由は、私に宗教的な信条がないから、というだけではない。タリーモンスターという生物を、それほど不思議な生物とは思わないからだ。

図3－10　シュモクバエ（眼柄ハエ）
（図2－4再掲、Rob Knell）

たとえば、タリーモンスターの眼を考えてみよう。タリーモンスターの頭部には、左右に棒のように突き出した構造があって、その先端に眼がついている。じつに奇妙である。しかし、奇妙ではあるけれど、地球の生物として唯一無二の構造だ、というわけではない。こういう眼を持った生物は他にもいるのである。

シュモクバエは、アフリカやアジアの熱帯に生息するハエである。前にも紹介したように、シュモクバエの姿はかなりシュールで、多くの人は一度見たら忘れることができないのではないだろうか。なぜなら、シュモクバエの頭部からは、棒のような構造が左右に伸びており、その先端に眼がついているからだ。

この棒のような構造は眼柄と呼ばれ、オスにもメスにもあるが、とくにオスの眼柄は長い。片側の眼柄だけで体長を上回るものさえいる。構造的にはタリーモンスターの眼と似ているけれど、長さの点では一部のシュモクバエのほうが上だろう。それにしても、こんなに眼が離れていては、飛ぶときに何かに引っ掛かったりして、邪魔になるはずだ。これは生きていくために不便な特徴だが、どうしてこんなものが進化したのだろうか。

じつは、この眼柄は、オス同士が闘うときに役に立つ。長いほうが有利なのだ。オス同士が向かい合って頭を突き合わせ、眼柄の長さを比べるだけで勝負がつくこともある。また、闘いが始まって両者が頭をぶつけあっても、勝つのはたいてい眼柄が長いオスである。さらに、オス同士の争いとは別に、メスのほうも眼柄の長いオスを好む傾向があるようだ。

つまり、眼柄が長いオスのほうがメスと交尾するチャンスが増えるので、たとえ生きていくために不便でも、長い眼柄が進化したのだと考えられる。このような進化のメカニズムを、性淘汰と呼ぶこともある。進化のおもなメカニズムである自然淘汰には、大きく分けて2つの種類がある。生存に有利な形質を進化させる環境淘汰と、繁殖に有利な形質を進化させる性淘汰だ。そして、シュモクバエの奇妙な眼は、性淘汰によって進化したと考えられるわけだ。タリーモンスターの眼も性淘汰で進化したのかどうかはわからないけれど、少なくとも形が似ている形質は他の生物でも進化していることになる。

こちらも奇妙……オパビニアの前部付属肢

タリーモンスターが奇妙に見える、もう一つの特徴は、頭部の先端が長く伸びていることだろう。しかし、頭部の先端が長く伸びた構造を持つ生物といえば、古生代のカンブリア紀（約5億3900万年前－約4億8500万年前）に生きていたオパビニアが有名だ。

もっとも、オパビニアの長く伸びた構造は、口ではなく付属肢が変化したものと考えられているので、タリーモンスターの長く伸びた口（らしき構造）とは起源が異なるだろう。それでも、外見的な形に限っていえば、両者は似ているといえる。

タリーモンスターが不思議な生物とされているおもな理由は、その外見的な奇妙さだ。しかし、どんなに奇妙に見える形であっても、およそ40億年にわたる生命の進化を見渡せば、たいてい何度も進化していることが多い。事実は小説よりも奇なりというが、進化が生み出す多様性は、ときに私たちの想像力を超える。したがって、タリーモンスターのような形を進化によって生み出せることに何の疑問もないのである。もちろん、タリーモンスターが非常に珍しい生物で、進化的にとても興味深いことは間違いない。また、現時点では系統が不明であることも事実である。だからといって、神秘的な説明を持ち出す必要はないし、進化論が破綻していることにもならないのである。

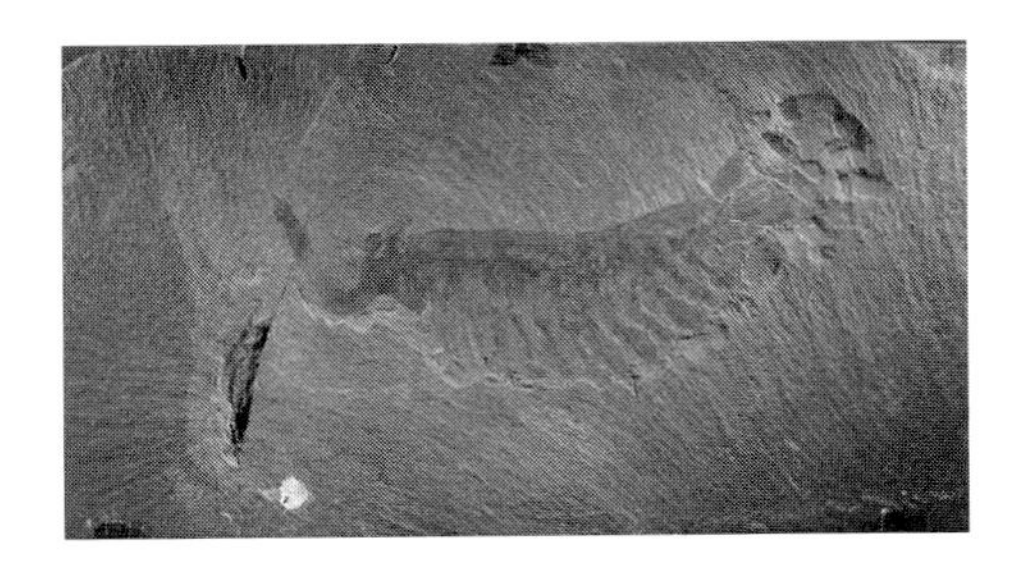

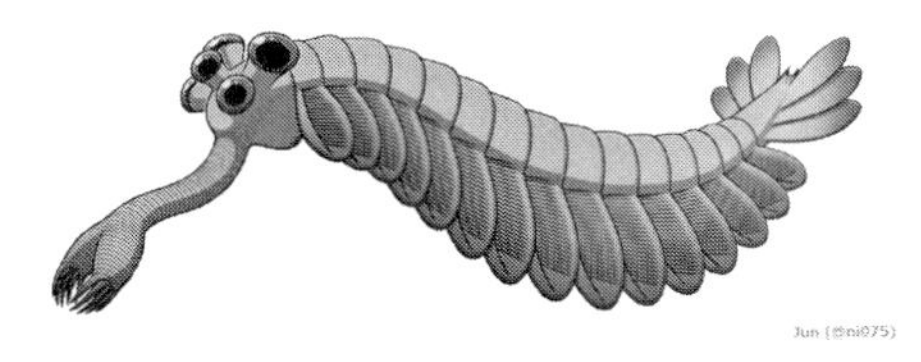

図３－11 上・オパビニアの化石（National Museum of Natural History, Simon Conway Morris, "*The Crucible of Creation*" Oxford University Press,1998）
下・オパビニア・レガリスの復元図（Junnn11）

角のあるなしを決めるオスの役割――糞虫

私が子供の頃は、よくテレビで時代劇を放映していた。時代劇には、しばしば圧倒的に強い正義の味方がいて、たった一人で十人ぐらいの悪者を倒してしまう。見事な刀さばきで、次から次へと悪者を斬り捨ててしまうのだ。小さかった私は、素直にすごいなあと感心していた。しかし、よく考えてみると、時代劇のヒーローが一人で十人くらいの悪者を倒すことができるのには、ちゃんとした理由があるのである。

時代劇の場合は、一対一で闘うことが基本である。たとえ主人公が十人の悪者に囲まれても、主人公に斬り掛かるのは、そのうちの一人だけなのだ。そして、最初に斬り掛かった悪者が負けると、次の悪者が斬り掛かっていく。同時に二人以上の悪者が、主人公に斬り掛かっていくことはない。だからこそ、時代劇のヒーローは、悪者が十人いても、全員を倒すことができるのだ。

何だか不自然な気もする。いや、たしかにある程度は不自然なのだろう。主人公がやられてしまっては困るので、テレビの都合で不自然になっている面があるのは事実に違いない。しかし、それだけではないのである。

図3－12　ノルマン・コンクエスト　ノルマン騎兵の突撃を迎え撃つイングランド歩兵（*The Bayeux Tapestry*, Lucien Musset）

一対一の闘い

じつは、武器を持って闘う場合は、一対一の闘いになりやすいのだ。それは、テレビの中だけの話ではなく、実際の中世ヨーロッパの騎士でも、事情は同じだったようである。

もちろん中世ヨーロッパの戦場でも、一人の騎士が十人の敵と対峙することはあっただろう。しかし、そういうときでも、同時に十人の敵と闘うことはあり得ない。至近距離で闘わなければならないので、そもそも一人の騎士の周りに十人の敵が入り込むスペースがないのである。しかも、仮にスペースがあったとしても、武器を振り回せば、味方に当たってしまうかもしれない。もしも刀剣を後ろに構えて、横向きに斬り掛かれば、敵を斬る前に味方を斬ってしまうはずだ。

そのため、実際の戦場では、一対一で闘うことが多かったらしい。両軍の騎士が横一列に並んで向かい合い、それぞれの騎士が正面の相手と一対一で闘ったのだ。そして、片方の騎士が倒れると、その後ろから次の騎士が出てきて、戦闘に参加したのである。このように、至近距離で使う武器が有効なのは、一対一で闘うときなのだ。そして、それは、生物にも当てはまるのである。

生物で武器が進化する条件

生物の中には、オスが縄張りを作って、メスを巡ってオス同士が争う種もあるし、反対にメスが縄張りを作って、オスを巡ってメス同士が争う種もある。どちらも存在するのだけれど、ここでは前者を例にして話を進めよう。

メスを巡って争うオスが武器を発達させる条件は2つある。一つは食物などの資源が限られていることだ。資源が限られていれば、その資源を奪おうとするオスから資源を守るために、闘う必要があるだろう。しかし、もっと重要なことがある。それは、資源を求めてやってきたメスを、他のオスから守ることである。

資源が限られている場合は、その資源さえ守っていれば、そこにメスがやってくることが期待できる。しかし、やっかいなことに、そのメスを奪おうとするオスもやってくる。そこで、それらのオスからメスを守るために、武器を進化させる必要があるわけだ。

ちなみに反対のケースも考えておこう。それは資源があり余っている場合だ。たとえば、草食動物が広大な草原に棲んでいるケースなどである。この場合、オスが縄張りを作っても、あまり意味はない。縄張りの外にも草は生えているのだから、わざわざメスが縄張りの中にやってくる可能性は低いからだ。また、縄張りの中に入ってきたオスを追い出すこともできるけれど、そんなことをしても意味はない。メスがいる場所からいない場所へ追い出すのならわかるけれど、この場合は縄張りの中も外もメスがいる可能性は同じなのだから、追い出したって仕方がないのだ。したがって、資源があり余っている場合は、武器は進化しないと考えられる。

糞虫の闘い。角の「ある種」と「ない種」の違いは

メスを巡って争うオスが武器を発達させる2つ目の条件は、一対一の決闘だ。これについては、モンタナ大学の教授であるダグラス・J・エムレンが、興味深い例を報告している（ダグラス・J・エムレンはブルーバックスの『進化の教科書』全3巻の共著者でもある）。

糞虫（ふんちゅう）というコガネムシに似た昆虫がいる。おもに哺乳類の糞を食べることが名前の由来となっている。この糞虫には、同じ環境に棲んでいて同じものを食べているのに、角のある種とない

図3-13 左・角のない糞虫「センチコガネ」の一種（Bruce Marlin）、右・角のある糞虫「ダイコクコガネ」の一種（Jeffdelonge）

種がいる。その違いは、どうやら糞虫の行動パターンにあるらしい。

糞虫の中には、糞を転がすタイプと、糞を巣穴の中に隠すタイプがいる。そして、糞を転がすタイプで武器を持っているものはいないが、糞を巣穴の中に隠すタイプの多くは立派な武器、つまり角を持っているのである。

糞を転がすタイプは、哺乳類が排泄した糞から一定量を取り分け、丸い形にまとめて地面を転がしていく。糞を転がしていくのはたいていオスで、メスはオスの後をついていったり、糞玉にしがみついたまま一緒に転がされていったりする。そして、湿った軟らかい土があると、オスとメスで糞玉を埋めて、その上か横に産卵する。

しかし、糞玉を転がしているあいだには、糞玉を奪おうとして、何匹ものオスが攻撃してくる。複数のオスが押したり取っ組み合ったりするので、もしも角のような武器を持っていても、あまり役に立ちそうもない。

正面にいる敵なら角で攻撃することもできるだろうが、横や後ろにいる敵に攻められたらどうしようもない。かえって大きな角を持っていると、後ろから押されたときにバランスを崩しやすくて、糞玉から落とされてしまうかもしれない。そういう事情があるので、おそらく糞を転がすタイプの糞虫には、武器が進化しなかったのだろう。

もう一方の、糞を巣穴の中に隠すタイプの糞虫は、メスが地面に巣穴を掘り、その中に糞の欠片を運び込む。交尾は巣穴の中で行われ、メスは運び込んだ糞の欠片一つひとつに卵を産みつける。巣穴の入り口を守るのは、オスの役目である。巣穴とメスを奪うために、他のオスが攻めてくるからだ。この場合、巣穴は狭いので、オスとオスは一対一で闘うことになる。

角を巣穴の壁に突き刺して、他のオスが侵入してくるのを防ぐこともある。反対に、角を梃子（てこ）のように使って、守っているオスを引きはがして、巣穴の外へ出すこともある。だいたいにおいて、長い角を持つオスが勝つようだ。

このように、立派な武器が進化するのは、一対一で闘う生物のようだ。これは糞虫のような昆虫だけでなく、他の生物、たとえば哺乳類などでも成り立つことである。

恐竜から鳥にどのように進化したのか
——ミクロラプトル

鳥は恐竜の子孫なのか否か、という百年以上続いた論争にも、ほぼ決着がつき、鳥が恐竜の子孫であることが広く認められるようになった。しかし、だからといって、恐竜がどうやって鳥になったのかについて、謎がすべて解明されたわけではない。

たしかに、恐竜が何らかの進化の道筋を通って鳥になったことについては、すでに多くの証拠で固められており、確実といってよい。しかし、どういう道筋を通って鳥になったのかについては、それほど明らかではないのである。飛行しない生物が飛行する生物に進化するときには、その途中で滑空する段階を通ることが普通である。ちなみに、飛行というのは、同じ高度を保って飛べることで、滑空というのは、徐々に高度を下げながら飛ぶことだ。大ざっぱなイメージとしては、動力を使って飛ぶのが飛行で、動力なしで飛ぶのが滑空である。生物における動力は、おもに「羽ばたき」だ。

滑空から飛行への進化

まったく飛行できない生物が、いきなり完全な飛行能力を持つ生物に進化することは考えにくい。飛行できなかった生物が、少しずつ飛行能力を上げるように進化して、完全に飛行できるようになるのが、実際のところだろう。飛行する前に、すでに滑空する能力があれば、そういう進化も起きやすくなると考えられる。

図3－14　最大級の翼を持っていたとされる翼竜「ケツァルコアトルス」の復元骨格
(Houston Museum of Natural Science)

滑空できる生物が、その翼（あるいは皮膜）を少し羽ばたかせれば、滑空する距離が少し延びるかもしれない。その場合は、羽ばたくほうが有利になり、羽ばたく能力が高くなっていく可能性が高い。つまり、中途半端な翼でも、あったほうがよいということだ。そうであれば、だんだん翼が大きくなっていき、ついには完全な飛行能力が進化することもあり得るだろう。こういう進化の道筋なら考えやすいのだが、恐竜の場合は、そうではないと言われてきたのである。

地上で飛行は進化しない

生物の世界では、滑空が何百回（もしかしたら何千回）も進化しているのに対して、飛行はたった4回しか進化していない。それだけ、飛行は難しいということだろう。飛行できるように進化した生物はすべて動物で、昆虫と翼竜と鳥類とコウモリである。

飛行できる4つのグループのうち、昆虫は少し特殊である。昆虫は体が小さくて軽いので、飛び上がるための条件が、他の3つのグループとはかなり異なる。しかも、他の3つのグループは、肢を変化させて翼にしているのに対し、昆虫の翅は肢とは関係なく進化したものだ。そこで、ここでは昆虫は除いて、翼竜と鳥類とコウモリについて考えていくことにする。

翼竜とコウモリは、さきほど述べたような滑空の段階を通って、飛行能力を進化させたと考えられている。おそらく樹上のような高い場所に棲んでいて、滑空をしていたのだろう。そして飛行能力が高くなるにつれて、生息範囲を樹上以外へも広げていったと考えられる。つまり、樹上に棲んでいれば、滑空から飛行へと進化することに、それほど無理はないということだ。

ところが、地上に棲んでいると、そうはいかない。もちろん、完全な飛行能力が進化してしまえば、地上から飛び立つこともできるだろう。しかし、中途半端な翼がある段階では、地上から飛び立つことは不可能だ。つまり、地上では、中途半端な翼など飛び立つ役には立たないし、歩くときには邪魔になるし、かえってないほうがいいくらいだ。そうであれば、中途半端な翼は小さくなるように進化するだろう。そして、ついには、翼がなくなってしまうはずだ。つまり、地上に棲んでいる場合は、飛行能力が進化することは難しいのである。しかし、恐竜は地上に棲んでいたと考えられる。体は大きいし、手足にも樹上生活に適した特徴は見られないからだ。

恐竜が飛行能力を進化させる「3つの仮説」

そこで、地上に棲んでいながら、翼を進化させる仮説が、いくつか提案された。

たとえば、保温仮説である。多くの恐竜にも羽毛が生えていたので、それが保温の役目を持っていたことは疑いない。そして、翼は羽毛でできているので、保温と何らかの関係がある可能性はある。

翼を進化させた2つ目の仮説は、性的シグナルだ。21世紀になると、一部の恐竜の羽毛に、鮮やかな色がついていたことが明らかになった。化石に色が残っていたわけではないのだが、化石の微細構造から色が推測できたのである。少し単純化して説明すると、以下のようになる。鳥類の羽毛や哺乳類の毛の色の一部は、メラニンという色素で決まる。そして、メラニンは、細胞の中のメラノソームという構造の中にある。メラニンには種類があって、ユーメラニンは黒っぽい色素で、フェオメラニンは赤っぽい色素である。そして、ユーメラニンは柱状のメラノソームの中に、フェオメラニンは球状のメラノソームの中にある。つまり、顕微鏡でメラノソームの形を見れば、メラニンの種類がわかり、そうすれば色がわかる、というわけだ。

その結果、一部の恐竜は鮮やかな色の羽毛を持っていたことが明らかになった。そうであれば、鮮やかな翼が、オスがメスに（場合によってはメスがオスに）アピールするためのシグナルになっていた可能性は十分に考えられる。

3つ目は、斜面を駆け上がるために翼が進化したという仮説で、2003年にモンタナ大学のケネス・ダイアルが提唱したものだ。

図3－15 イワシャコ
(Ikshan Ganpathi)

イワシャコという鳥の雛は、まだ飛ぶことができないにもかかわらず、しょっちゅう翼を羽ばたかせている。それには、斜面を駆け上がるときに、肢を地面にしっかりと押し付ける意味があるらしい。レーシングカーについている水平翼と同じ役割だ。こういう翼は、捕食者に襲われて木に登るときなどに役に立つはずで、そこから飛行能力が進化したのだろうというのである。

4枚の翼を持つ恐竜

いま述べた保温仮説や性的シグナル仮説は、仮説自体は納得できるものの、飛行できる翼を進化させた理由としては弱そうだ。3つ目の斜面仮説については、たしかに部分的にはそういうこともあったかもしれないが、どこまで一般化してよいのか疑問が残る。しかし、2000年に命名されたミクロラプトルという恐竜の化石は、飛行できる翼の進化を、まったく別の面から説明してくれるかもしれない。

じつは昔から、鳥類の祖先には、翼が4枚あっただろうという意見があった。これは1915年にアメリカの生態学者、ウィリアム・ビービが示した考えで、ハトの脚に羽毛が生えているのを見て、閃いたらしい。実際、ハトには脚に羽毛が生えているものがけっこういて、それほど珍しい現象ではない。ビービは、翼が4枚ある想像上の鳥類の祖先に、テトラプテリクスという名前までつけていた。

そして、ミクロラプトルには、ビービの予測通りに、4枚の翼があったのである。ミクロラプトルは、後肢に翼がついているので、地上を走り回る生活には適していなかった。また、ミクロラプトルの肢の鉤爪（かぎづめ）は、強く彎曲（わんきょく）しており、木登りには適応していた。さらに、翼と体の接続部は強度が弱く、長距離の飛行で体重を支えることは難しかった。

以上の特徴から考えて、おそらくミクロラプトルは木の上に棲んでいて、滑空をしていたのではないかと考えられる。もしかしたら羽ばたいて飛行したかもしれないが、そうであっても、長

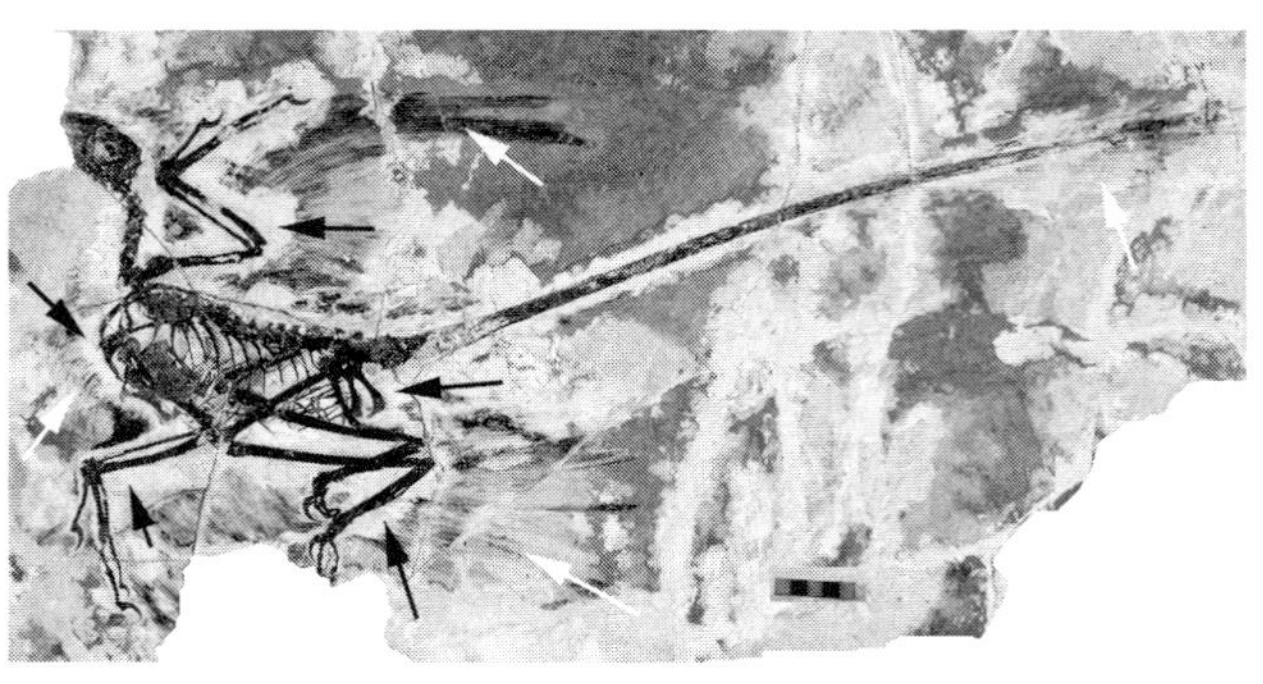

図3－16　ミクロラプトル（ミクロラプトル・グイ）の化石
(David W. E. Hone, Helmut Tischlinger, Xing Xu, Fucheng Zhang)

距離を飛行することはできなかっただろう。どうやら、恐竜の飛行も特別なものではなく、翼竜やコウモリと同じように、滑空から進化したらしい。地上から直接飛び立つことの困難さを考えれば、それも当然かもしれない。

滑空から飛行も進化、飛行能力を喪失するのも進化

恐竜の進化については、さらに想像を膨らますこともできる。ミクロラプトルが生きていたのは約1億2000万年前である。鳥類と爬虫類の中間的な特徴を持つことで有名な始祖鳥（アーケオプテリクス）が生きていたのは約1億5000万年前である。この辺りで、滑空から飛行への進化が起きたと考えるのは妥当だろう。

そうすると、全身が羽毛に覆われていたけれど、飛行はできず、地上を走り回っていたデイノニクス（約1億

図３－17　デイノニクスの復元図（Emily Willoughby）

年前）やヴェロキラプトル（約８０００万年前）についてはどう考えればよいのだろう。

もしかしたら、現在のダチョウのように、空を飛んでいた祖先が、二次的に飛行能力を失って、デイノニクスやヴェロキラプトルに進化したのではないだろうか。翼竜やコウモリには、二次的に飛行能力を失ったものは知られていないが、鳥類（つまり恐竜）には、二次的に飛行能力を失ったものが、たくさんいるのだから。

アリの生存戦略と進化する細菌――ハキリアリ

北米東南部から中南米にかけて、ハキリアリというアリが棲んでいる。ハキリアリは名前のとおり、葉を切るアリだ。どうして葉を切るのかというと、切った葉を使って農業をするのである。ハキリアリの農業が進化したのはおよそ5000万年前と考えられるので、人間の農業よりもはるかに古い。

ハキリアリは葉を切って巣に運ぶ。葉を運ぶ道は決まっていて、ある種のハキリアリでは平らにならされた道が100メートルも延びているらしい。葉を運ぶハキリアリとは別に、小型働きアリと呼ばれるハキリアリが道の脇をパトロールしていて、さらに巣は兵隊アリがしっかりと守っている。警備された安全な道を、しかも平らにならされた歩きやすい道を使って葉を運ぶので、とても効率がよい。たいてい葉のほうがハキリアリより大きいので、まるでたくさんの葉が自分で地面を歩いていくように見える。

地下の巣のなかの部屋が、ハキリアリの畑だ。その畑に葉を敷いて、キノコの仲間を栽培するのである。数匹がかりで雑草を引き抜いたり、自分たちの糞を肥料にしたりして、きちんと育てて収穫するのだ。巣には換気口がついていて、外につながっている。また、肥料として使い終わった葉や排泄物などのゴミを捨てる穴もある（人間が一人入ってしまうくらい大きなものもある）。ゴミの処理は、アリとキノコの双方の健康にとって、とても重要であるが、不潔で危険な仕事でもある。このゴミ処理という仕事は、年老いた働きアリが担当しているようだ。

このようなハキリアリの農業は、しばしば起こる食料不足を解決する方法として進化した可能性が高い。農業によってハキリアリは、７００万匹を超える巨大なコロニーを作れるようになった。

図３－18　ハキリアリ（Malin Björnsdotter Åberg）

抗生物質耐性菌の脅威

このようなハキリアリのキノコ畑にとっての脅威は、おもに２つある。

一つは他のアリによって畑を略奪されることだ。たとえば、フタフシアリの一種は、ハキリアリの巣に押し入って畑を奪いとると、自分たちの畑として手入れを始めるようだ。その場合は可哀想なことに、ハキリアリの幼虫はフタフシアリの幼虫のエサになる。あるいは、グンタイアリによって巣が陥落させられることもある。グンタイアリとハキリアリの戦いは激しく、双方に多くの死者を出すらしい。そしてハキリアリが負ければ、巣は悲惨なことになってしまう。

脅威の2つ目は、病原菌が侵入することである。ほぼ密閉された空間である巣の中に病原菌が蔓延すれば、畑は朽ち果ててしまうだろう。そのため、ハキリアリは、キノコ畑の手入れを怠らない上に、何種類かの抗生物質を使っているようだ。ハキリアリの体に付着している細菌が分泌する抗生物質を利用するだけでなく、ハキリアリ自身も抗生物質を分泌するらしい。

ハキリアリが約5000万年前に農業を始めたとして、それ以来ずっと同じ抗生物質を使っているかどうかはわからない。しかし、少なくともここ数百万年は同じ抗生物質を使っている可能性がある。考えてみれば、これは不思議な話だ。ずっと同じ抗生物質を使っていると、それに耐性を持った病原菌が現れてくることが知られている。人類が抗生物質を発見したのは1928年だが、それを医学的な治療に広く用いるようになったのはそれより後だ。つまり人間は、抗生物質を使い始めてからまだ数十年しか経っていない（正確には、微生物が作ったものを抗生物質といい、人間が薬剤として作ったものは抗菌薬という。しかし、ここでは抗菌薬も含めて抗生物質と呼ぶことにする）。それにもかかわらず、ほぼすべての抗生物質に対して、すでに耐性菌が現れている。

イギリス政府から委託されたジム・オニールによる報告によれば、耐性菌による死者は増え続け、２０５０年には世界全体で１０００万人にもなるという。抗生物質を使い続けていると、すぐに耐性菌が進化してしまうわけだ。それなのに、なぜハキリアリは同じ抗生物質を使い続けていられるのだろう。

耐性菌にも弱みがあった

ある**抗生物質**Aによって、ある種の細菌が死ぬとしよう。もし、世界中でAが使われるようになれば、A**抵抗性の細菌**（抗生物質Aで死なない細菌）が世界中に広まるだろう。一方、世界中でまったくAが使われていなければ、A**感受性の細菌**（抗生物質Aで死ぬ細菌）が世界中に広まるだろう。これは当たり前に思えるが、もう少し考えてみよう。

A**感受性の細菌**がいるとする。しかし、細菌にはときどき変異が起きる。細菌の個体数はものすごく多いので、なかにはA**抵抗性**に変異する個体もいる。**抗生物質**Aをまったく使っていなくても、A**抵抗性**の細菌はときどき進化するのだ（これは実験的に確認されている事実である）。しかし、この場合、A**抵抗性**の細菌が広まることはない。もちろん**抗生物質**Aを使い始めれば、

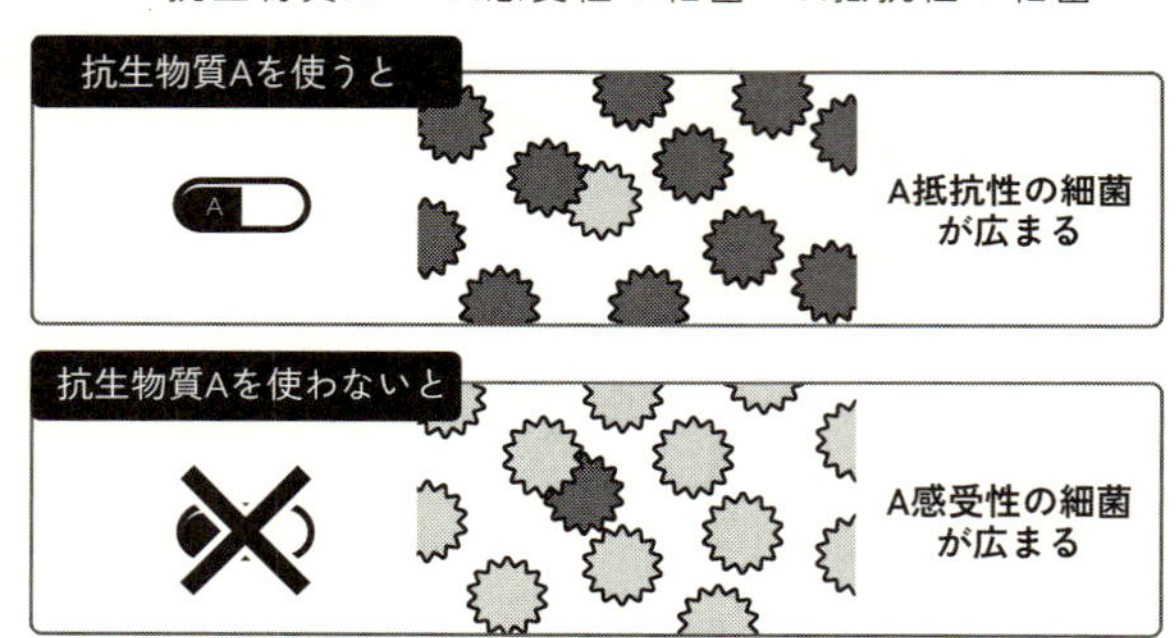

図３－19　抗生物質Aと、A感受性細菌、A抵抗性細菌の関係

A感受性の細菌は死んでしまうので、その結果A抵抗性の細菌が増えていくことになる。でも、抗生物質Aを使わなければ、A抵抗性の細菌は増えていかないのだ。

よく考えてみると、これは変ではないだろうか。抗生物質Aを使っていれば、A感受性の細菌が広まらないのは理解できる。A感受性の細菌は死んでしまうからだ。でも、抗生物質Aを使っていないのであれば、A感受性の細菌が増えてもA抵抗性の細菌が増えても、どちらでもよいのではないだろうか。しかし実際には、A抵抗性の細菌が広まることはまずない。どうしてだろう。

細菌も生物なので、物質やエネルギーを使って生きている。この、細菌が生きるために使える物質やエネルギーの量（代謝量）は有限である。そのため、もし代謝量の一部をある抗生物質への抵抗性のために使ってしまうと、それ以外の生存のために使う代謝量が減ってしまう。そのため、抵抗性の細菌は感受性の細菌より、生存に関しては不利なのだ。それが、抵抗性を手に入れた代償なのだ。何も失わずに何かを得るなんて虫のよい話は、ないのである。

ということで、**抗生物質A**が使われていない状況では、**A抵抗性の細菌**より**A感受性の細菌**が有利になり、増えていくことになる。実際には、ある**抗生物質A**が世界中のすべての場所で使われているという状況は、まずない。Aを使っている場所もあるし、Aを使っていない場所もある。そうであれば、**A感受性の細菌**と**A抵抗性の細菌**が、両方とも存在しているはずだ。ただし、その割合は、場所や時期によって異なるだろう。Aがたくさん使われれば、**A抵抗性**の割合が増えるだろうし、Aがあまり使われなくなれば、**A感受性**の割合がふたたび増えていくだろう。このようにバランスを取りながら、Aに対する抵抗性の生物も感受性の生物も存続していく。そのためペニシリンに対する抵抗性をもつ細菌が進化しても、ペニシリンがまったく使えなくなるわけではないのである。

とはいえ、抗生物質の使い過ぎは、このバランスを、抵抗性の生物を増やすほうに傾ける。現在の世界では、抗生物質抵抗性の細菌による死者が増加し続けているので、抗生物質を使い過ぎている可能性が高い。もちろん、抗生物質を使うのが、いけないわけではない。抗生物質が多く

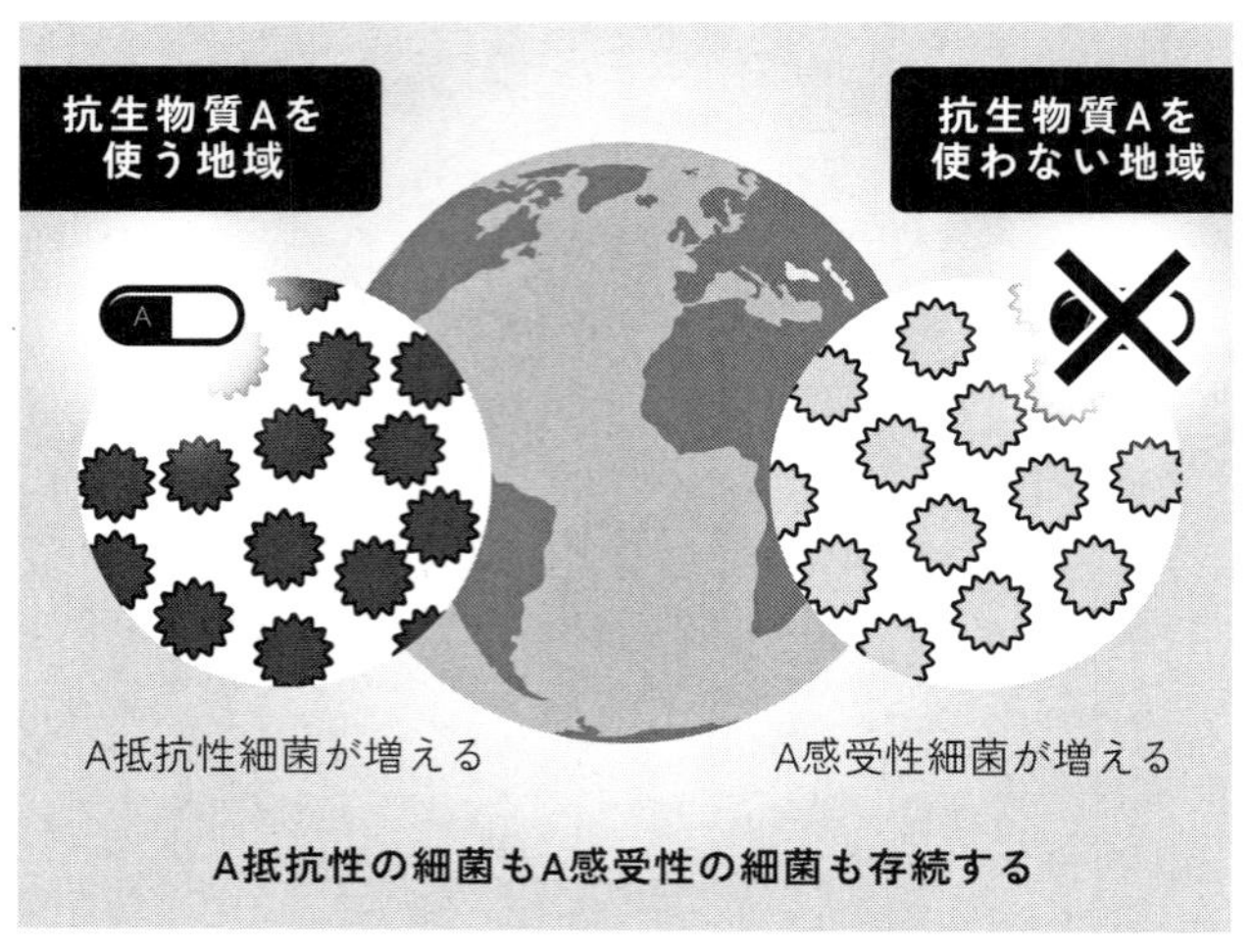

図3－20　世界に目を向ければ、A抵抗性細菌もA感受性細菌も存続していくので、抗生物質Aがまったく使えなくなるわけではない

の人命を救い続けているのも事実であり、人類の平均寿命が延びた理由の一つが抗生物質の使用であることも間違いない。どのくらい抗生物質を使うべきなのか。このあたりのバランスは難しいところである。

ハキリアリも、数種類の抗生物質を使い分けたりして工夫しているので、何とか同じ抗生物質でやっていけるのだと考えられる。抗生物質も万能ではないけれど、耐性菌が現れたからといってまったく使えなくなるわけではないのである。

進化の速度を決定するものとは――グッピー

最近、「進化はとても速く進む」という話を、よく聞くようになった。

これまでは、進化はとてもゆっくりと進むので、人間の一生のあいだに進化を目の当たりにすることはできないと言われていた。でも、そんなことはなくて、一生のあいだに進化を見ることは十分に可能だというのだ。

たとえば、中部アメリカ原産のグッピーという魚は、捕食者（グッピーを食べる魚）がいない環境では、オスの体色が派手になる。そのほうがメスに好まれるからだ。一方、捕食者のいる環境では、オスの体色は地味になる。そのほうが捕食者に見つかりにくいからだ。地味になるとメスに好まれなくなるというデメリットはあるものの、捕食者に見つかりやすいほうが、デメリットとしては大きいのだろう。

プリンストン大学に在籍したジョン・エンドラー（１９４７－）は、このグッピーを使って、

図3－21
オス（右）とメスのグッピー（図2－6再掲）

進化の実験を行った。グッピーの生息地に似せた、長さ十数メートルの川や滝を作って、そこにグッピーを放したのだ。そして、体色に差のないグッピーの集団を、捕食者のいる環境といない環境で生息させて、どのように進化するかを観察した。

実験の結果は驚くべきものだった（もっともエンドラー自身は、そういう結果を予想していたふしがあるので、驚かなかったかもしれない）。同じ体色のグッピーの集団は、だいたい2年で自然界と同じ体色に進化したのだ。グッピーは生後2ヵ月弱で繁殖可能になるので、2年といえば十数世代だ。こんなに速く進化するなら、人間が一生のうちにグッピーの進化を見ることは十分に可能だろう。

別の話もある。ハワイ諸島には、コオロギに寄生するハエがいる。コオロギが鳴くと、このハエに見つかりやすくなる。そのため、ハワイ諸島のコオロギは、鳴かないように進化した。この進化は5年弱、だいたい20世代で起きたという。じつは、こういう話はたくさんある。数年のあいだに、目で見てはっきりとわかる進化が起きる例は珍しくないのである。

でも、何か変な気もする。やはり、進化は長い時間をかけて起きるというイメージも、捨てきれない。たとえば、私たちヒトとチンパンジーは、昔は同じ種の生物だった。ところが約700万年前に分岐して、現在ではヒトとチンパンジーという異なる種に進化した。つまり、ヒトとチンパンジーぐらい違う生物に進化するのに約700万年もかかったわけだ。

進化は数年で起きるというけれど、やっぱり進化には莫大な時間がかかるのではないだろうか。だって、5年や10年経っても、チンパンジーもヒトも全然進化したようには見えない。いや、百年や千年経ったとしても、ほとんど進化しないのではないだろうか。いったい進化は速いのか遅いのか、どちらなのだろう。

新わらしべ長者

ある家に男の子が2人いた。のんきな兄としっかり者の弟である。ある朝、兄は母親から、隣の家に行って着物を借りてくるように言われた。兄は玄関から外へ出た。するとアブが寄ってきて、顔の周りを飛び回りはじめた。うるさくて仕方がない。そこで、近くに落ちていた藁(わら)の先に、アブを結びつけた。アブは藁に結ばれたまま飛び回る。兄はそれが面白くて、着物を借りに行くことなど、すっかり忘れてしまった。そして近くの石に腰かけたまま、しばらくアブを眺めていた。

そんなことをしているうちに、昼になってしまった。道を歩いてきた男の子が、兄が持ってい

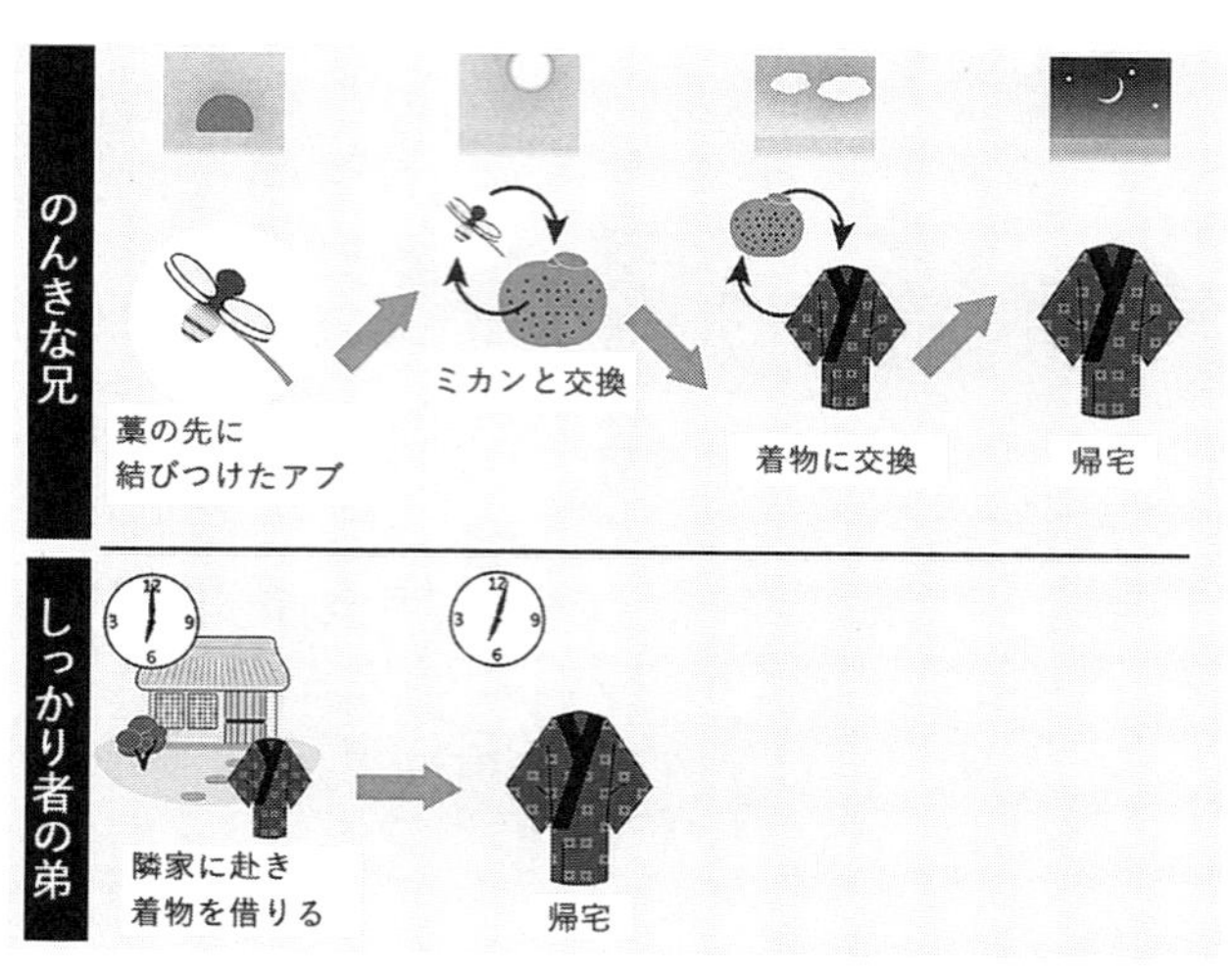

図3－22
兄も弟も結局は着物を持って帰ってきたが、かかった時間が雲泥の差だ

た、アブが結んである藁を見て、欲しがった。男の子の母親は、ミカンと交換しようともちかけてきた。そこで兄はミカンと交換した。それから兄は、ミカンを手に持ったまま、また石に腰かけて、ぼんやりしていた。

そんなことをしているうちに、夕方になってしまった。そのとき商人が、道をこちらに向かって歩いてきた。喉が渇いてたまらなかった商人は、男（兄）がミカンを持っているのを見て、商品の着物と交換してほしいと言ってきた。そこで男（兄）は着物と交換した。兄は着物を膝に載せたまま、日が暮れていくのを眺めていた。

そんなことをしているうちに、暗くなってしまった。兄が家に帰ると、母親が怒っていた。隣の家に着物を借りに行くのに、どうして朝から晩までかかるのだと。のんきな兄は、隣に着物を借りに行くことなど、すっかり忘れていた。でも、たまたま商人からもらった着物があったので、怒っている母親にそれを渡した。

翌日、母親は、こんどは弟に、隣の家に行って着物を借りてくるように頼んだ。しっかり者の弟は、玄関から出ると、真っすぐに隣の家に行った。そして10分も経たずに、着物を借りて戻ってきた。「まったく同じ兄弟なのに、どうしてこうも違うんだろうねえ」そう言って、母親はため息をついた。

さて、兄も弟も結果的には着物を家に持ってきたのだから、同じことをしたわけだ。しかし、それにかかった時間は全然違う。なぜだろうか。

進化における道草

進化にも、この話のような兄と弟がいる。最初に述べたグッピーやコオロギは弟だ。たとえば、捕食者のいる環境に棲んでいるグッピーは、体色が地味なほうが捕食者に見つかりにくいので有利である。そのため、もし体色が派手なら、少しでも地味になるように自然淘汰が働く。さらに、もし体色がすでに地味でも、さらに地味になるように自然淘汰が働く。つまり、いつも同じ向きの自然淘汰が働く。進化の方向が同じで、ぶれないし止まらない。こういう場合

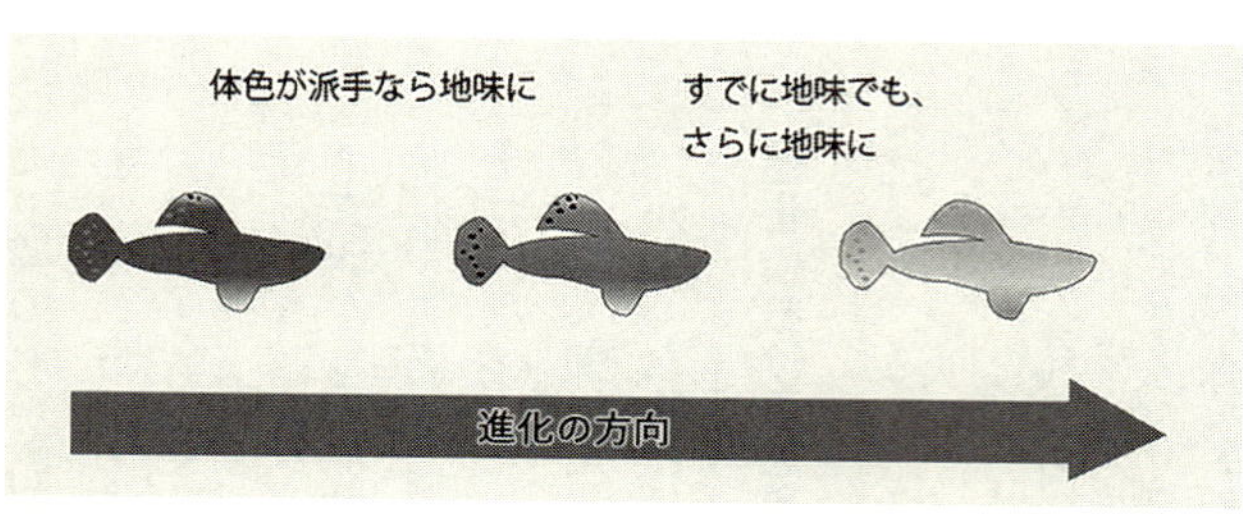

図3－23　グッピーのように、進化の方向が同じでぶれない進化は速く進むと考えられる

は、進化が速く進むと考えられる。

でも、兄のような進化もある。たとえば、鳥の翼だ。翼がない状態から翼のある状態まで、同じ向きの自然淘汰によって進化することはできない。つまり、一直線に進化をすることはできないのだ。

たとえば、仮に翼がない状態から少しだけ翼が進化したとする。つまり、小さな翼に進化したとする。でも、それでは飛べないので、そんな翼は役に立たない。役に立たないものをつくるのは、エネルギーの無駄遣いなので、むしろないほうがよい。つまり、小さな翼など、ないほうがよい。というわけで、翼がない状態から小さな翼には進化しない。でも、小さな翼の段階を通らなければ、ちゃんとした翼には進化しない。では、どうやって翼は進化したのだろうか。

たしかに、弟みたいなしっかり者なら、翼は進化しない。進化の方向がぶれなかったら、翼は進化しない。でも、兄みたいにぶれまくれば、翼だって進化するのだ。おそらく最初は体温を保つ

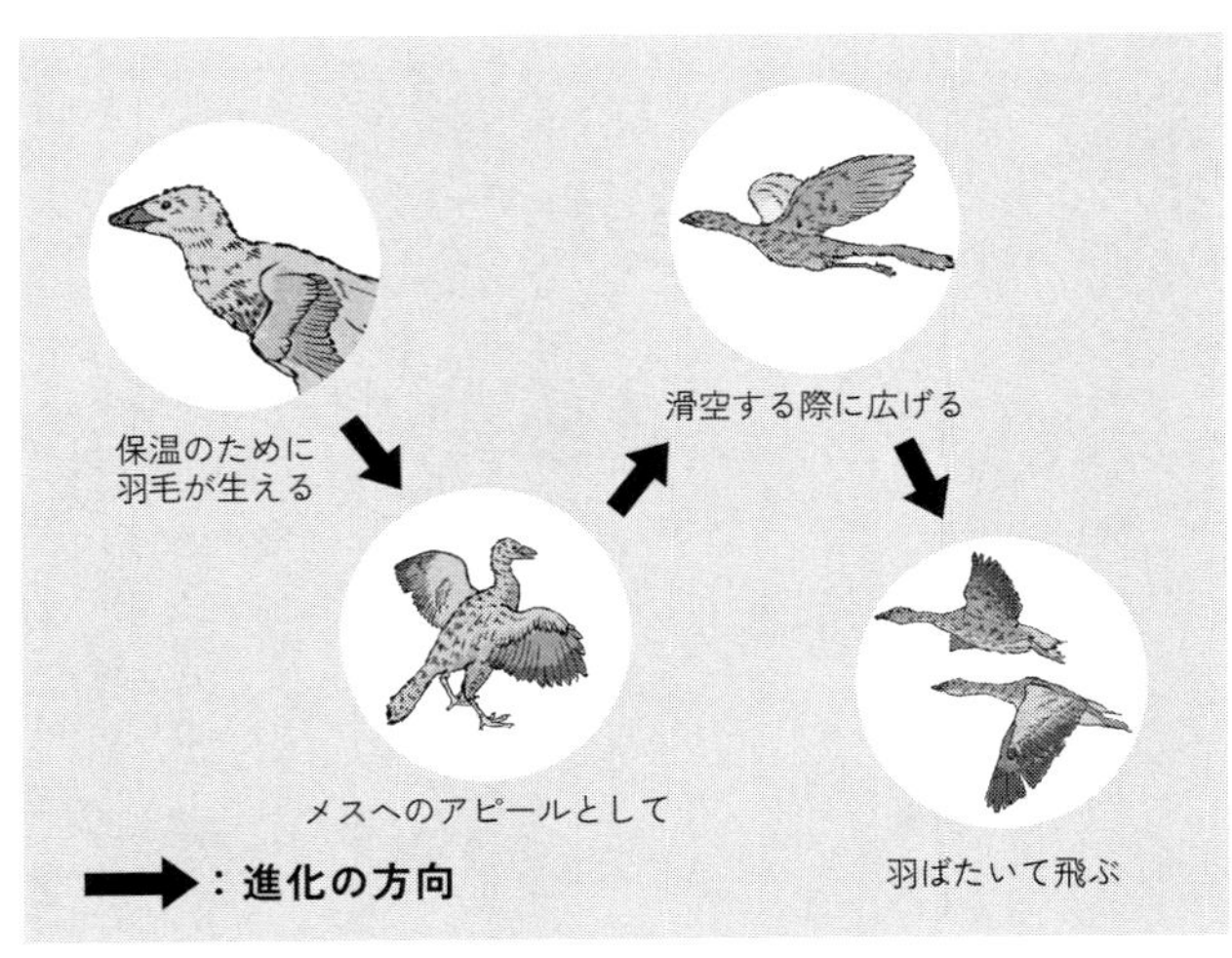

図3－24　翼の進化の考え方の一つ。道草を食うようにぶれる進化

ために、羽毛が進化したのだろう。それから、オスがメスにアピールするために、羽毛の生えた小さな翼が進化した。それからグライダーのように滑空するために翼が使われるようになり、そしてついには空を飛ぶために翼が使われるようになった。さらにその途中には、進化による変化がほとんど起きない時期もある。ある程度環境が安定していれば、その環境に適応したまま、ほとんど変化しないことはよくある。兄がのんびり日が暮れるのを眺めていたような時間が進化にはあるのである。

もちろん、このような翼の進化の道筋は一つの可能性であり、これ以外にも、進化の途中で、いろいろな使い道があったかもしれない。ただはっきりしていることは、進化の方向がぶれまくっていたことだ。そうでなければ、空を飛べる翼は進化しなかっただろう。複雑な構造が進化するには、弟だけでなく兄も必要なのだ。

進化速度に影響を与える要因はたくさんある。変異がどれくらいあるかとか、子をどのくらいつくるかとか、そういうことも影響する。しかし、それ以上に重要なのは、兄のように道草を食う時間である。関係ない方向に行ったり、ぼんやり立ち止まったりしていれば、いくらでも時間は経っていく。いくらでも進化速度は遅くなっていく。

人生で一番楽しいことは、無駄遣いと道草だという。無駄遣いはともかく、道草は進化にとって重要である。目的に向かって一直線に進むような進化だけでは、生物の複雑で素晴らしい構造をつくることはできないのである。

種のいびつな繁栄と絶滅の相関──リョコウバト

先日、ある学会で一般公演を行った。講演者は2人で、私は化石など過去のことを話し、もうひと方は未来のことを話した。その方は、未来の話の中で、人類の絶滅についても少し触れられていた。その話を聴きながら、私はリョコウバトのことを思い出していた。

リョコウバトは絶滅種である。しかし、かつては北アメリカにいる野生の鳥類の3分の1はリョコウバトだったという見積もりがあるくらい繁栄していた。その数は19世紀の半ばには50億羽に達していたという。1866年にはカナダのオンタリオ州南部で、空が暗くなるほどの巨大な群れが目撃された。その群れは、幅が1・5キロメートル、長さが500キロメートルに及び、通り過ぎるのに14時間もかかったと伝えられている。

リョコウバトは胸の部分が赤い特徴的なハトで、時速100キロメートルで飛べたという。開けた場所だけでなく、森の中でも自由に飛べたらしい。リョコウバトの基本的な生息地は森林だったのである。そして、一本の木に、あまりにも多くのリョコウバトが止まったために、木が裂けて倒れることもあったらしい。

図3－25　リョコウバト。左・幼鳥、中央・オス、右・メス（Louis Agassiz Fuertes）

リョコウバトを激減させた理由とは

また、名前からもわかるように、リョコウバトは毎年大移動をした。夏は北アメリカ北部の五大湖周辺で繁殖して子供を育て、冬は南部で過ごすのだが、そのときに通るルートは毎年同じではなかったらしい。リョコウバトの巨大な群れは、その通り道にある木の実や果実をすべて食べ尽くしてしまうので、それらの植物が回復するまで、数年間はそのルートを通らなかったのかもしれない。そして、リョコウバトは人間の食料にもされた。栄養たっぷりで美味しくて、手軽な食料として人気があった。しかし、19世紀の前半までは、それほど大量に狩られることはなかった。その理由の一つが、この、毎年移動ルートを変えることだったようだ。他の渡り鳥と違って、決まった移動ルートがなかったため、リョコウバトの群れがどこにいるかはわかりにくかった。そのため、待ち伏せされて大量に狩られることが少なかったのだろう。

しかし、電報と鉄道の発達によって、状況は変わった。電報が発達することによって、リョコウバトの群れの位置を遠くの人にも知らせることができるようになった。そして、鉄道が発達することによって、多くの狩猟者が列車に乗って、リョコウバトのもとへ向かったのである。

リョコウバトを狩るのは簡単だったらしい。群れに向かって散弾銃を1回撃てば、何十羽ものリョコウバトを撃ち落とすことができた。ある記録では、1発で99羽を撃ち落としたという。撃ち落としたリョコウバトは、羽毛を毟（むし）り取って樽に詰め、塩漬けにされた。そんな、リョコウバトの樽ばかりを積んだ列車が、都会に向けてたくさん走っていたらしい。とくに脂ののった仔鳩は人気があり、ニューヨークやシカゴのレストランにおける人気メニューだったという。

そうして、19世紀後半になると、リョコウバトは急激に数を減らしていった。人間による乱獲がおもな原因だが、森林の伐採も追い

図3－26　アメリカ、オハイオ州のシンシナティ動物園で飼育されていたメスのリョコウバト「マーサ」。飼育時の写真（Enno Meyer）

打ちをかけたらしい。そして、1910年になると、ついにリョコウバトはたった1羽になってしまった。それは、アメリカのシンシナティ動物園で飼われていた、マーサというメスのリョコウバトだった。そして、1914年9月1日の午後1時に、アメリカのシンシナティ動物園の職員が、床に横たわっている彼女を見つけた。それが、リョコウバトが絶滅した瞬間だった。

古代都市にリョコウバトはあまりいなかった

あんなにたくさんいたリョコウバトが、人間の無慈悲な乱獲により、100年ほどで絶滅してしまった。とんでもないことだ。それはまったくその通りなのだが、話はそこで終わらないのではないだろうか。

たしかに19世紀には、リョコウバトがたくさんいた。しかし、空が暗くなったり樹木が裂けたりするほど多くのリョコウバトがいる状態は、やや不自然な感じがする。バランスのとれた安定した生態系とは思えないのだ。果たしてリョコウバトは、ずっと昔からそんなにたくさんいたのだろうか。

アメリカのイリノイ州のミシシッピ川の東に、アメリカ先住民が築いたカホキアという古代都市の遺跡がある。11～13世紀にかけての最盛期には、面積が約16平方キロメートルに達し、モンクス・マウンドと呼ばれる高さ30メートルに達する墳丘がそびえていたという。

このカホキアの遺跡を調査した報告によると、リョコウバトはほとんど住民の食料になっていなかったらしい。なぜ、あんなに美味しいリョコウバトを、アメリカ先住民はほとんど食料にしなかったのだろうか。いや、アメリカ先住民も、リョコウバトを食料にはしていたのだろう。ただ、古代都市における食料の中で、リョコウバトが占める割合が小さかったということだ。おそらく、その理由は、リョコウバトがあまりいなかったからではないだろうか。かつてはリョコウバトの個体数が少なく、群れの規模も小さかったという説は、他の考古学的証拠からも支持されているようだ。

図3－27　推定62万立方メートル分の土から作られた高さ約30メートルのモンクス・マウンド。カホキア墳丘群州立史跡でもっとも高い建造物

リョコウバトが少なかった理由は、おそらくアメリカ先住民がその個体数を抑えていたからだろう。アメリカ先住民は、リョコウバトを食べたり、リョコウバトのエサである植物を食べたりしていた。そのため、両者は競合関係にあり、個体数もバランスが取れて安定していたのである。

リョコウバトの盛衰とヒトの未来

しかし、約500年前にヨーロッパ人がアメリカ大陸にやってくると、状況は変わった。ヨーロッパ人が持ち込んだ感染症やアメリカ先住民に対する虐殺と奴隷化が、アメリカ先住民の社会を崩壊させ、人口を激減させた。その結果、アメリカ先住民とリョコウバトのバランスが崩れて、リョコウバトが大発生したのではないだろうか。もし、そうだとすれば、19世紀にリョコウバトが50億羽もいたことは、異常な状態だった可能性がある。

かつて、アメリカのイエローストーン国立公園で、オオカミを駆除したためにシカが大発生して、森林が大打撃を受けたことがあった。これは生態系のバランスが崩れた例として有名だが、19世紀の北アメリカにおけるリョコウバトの大発生も、イエローストーン国立公園におけるシカの大発生のようなものだったのかもしれない。

もしもアメリカ先住民が激減したために、19世紀の北アメリカでリョコウバトが大発生したのだとすれば、そのあおりを食って多くの野生の鳥類が絶滅した可能性が高い。北アメリカの自然が保持している、鳥類を養うための資源は、有限だからだ。そして、ある種が大発生している生態系は、一般には不安定で、その状態が長期間にわたって続く可能性は低い。さまざまな種が絶滅の危機に瀕するだけでなく、大発生している種自体も不安定で、個体数が激減する危機に晒されている。もちろん、それは北アメリカに限らない。地球全体で考えても、生物を養うための資源は有限なのである。

[*]生物体の質量を炭素で見積もった研究によると、私たちヒトの質量は、野生の哺乳類全体の質

量の９倍近くに達しているという。これだけ多ければ、他の種を絶滅に追いやることはもちろん、私たちヒト自体も、このレベルを長期的に維持していくことは難しいだろう。もしそうであれば、私たちにはどんな未来が待っているのだろうか。学会の一般公演を聴きながら、私はそんなことを考えていた。

（＊）Bar-On, Y. M. et al.（2018）The biomass distribution on Earth. *Proceedings of the National Academy of Sciences of the United States of America*, 115, 6506–6511.

第4講義

遺伝子からみた進化論

ヒトはいかに誕生したのか

「ヒトらしさを決める遺伝子」はいつ生まれたのか？

ヒトのFOXP2遺伝子

私たちヒト（学名はホモ・サピエンス）は、人類の一種である。人類は約700万年前に現れ、進化の結果、数十種に分岐した。しかし、その多くは絶滅してしまい、現在生き残っているのは、私たちヒト1種だけである。ヒトは、他のほとんどの人類種とは異なり、いわゆるヒトらしい行動をすると考えられている。洗練された言語を話したり、芸術的な活動をしたりするのは、その例だ（ヒト以外でそういう行動をした可能性のある種は、ネアンデルタール人などごく限られている）。

このように、ヒトをヒトらしくした原因には、おそらく遺伝子も関係しているだろう。そんな可能性のある遺伝子の一つが、*FOXP2*（フォックスピーツー）だ。*FOXP2*は、言語と関係していることが明らかになった最初の遺伝子である。*FOXP2*に突然変異が起きた人は、話したり文法を理解したりすることが困難になることが知られている。

このFOXP2遺伝子をもとにして、FOXP2タンパク質が作られる。ヒト以外のほとんどの哺乳類では、数千万年もの間、FOXP2タンパク質のアミノ酸配列は変化していない。ところがヒトでは、FOXP2タンパク質のアミノ酸が2個も変化している。他の哺乳類でほとんど変化がないことを考えると、この変化が洗練された言語の誕生に、つまりヒトらしい行動の一端に、関係しているのかもしれない。

ヒトの行動との関係

しかし、ここで慎重になろう。たしかに、*FOXP2*遺伝子は、ヒトらしい行動に無関係ではないかもしれない。しかし、だからといって、ヒトらしい行動を生み出すのに決定的な役割を果たしたわけでもないようだ。なぜなら、*FOXP2*に関する、すべてのヒトの共通祖先は、100万年以上前に生きていたと推定されているからだ。つまり、現在すべてのヒトが持っている*FOXP2*は、100万年以上前に生きていた一人の祖先から受け継いだものなのだ。

化石の証拠から考えると、ヒトが現れたのは約30万年前だ。当然、ヒトらしい行動が始まったのは、それより後だろう。しかし、30万年前より後に*FOXP2*に突然変異が起きて、その突然変異がヒトらしい行動を始めさせたのだとすれば、おかしなことになる。だって、*FOXP2*がすべてのヒトに広がるのに100万年かかるなら、現在生きているすべてのヒトには、まだ広がっていないはずだからだ。

逆に、現在生きているすべてのヒトに広がるためには、突然変異が、100万年以上前に生きていた共通祖先か、その共通祖先のさらに前の祖先に起きなくてはならない。そうすれば、*FOXP2*に起きた突然変異は、現在生きているすべてのヒトに広がっているはずだ。

でも、これもおかしな話だ。だって、突然変異が起きてヒトらしい行動が生まれたのが100万年以上前で、ヒトが現れたのが約30万年前、ということになってしまう。ヒトが現れるずっと前から、ヒトらしい行動が存在していたなんて、おかしな話だ。

では、もう一つの可能性として、現在生きているすべてのヒトの*FOXP2*が、100万年以上前に生きていた一人の祖先から受け継がれたものだ、という推定が、そもそもおかしいのではないだろうか。だって、ヒトが現れたのが約30万年前なのだ。だから、*FOXP2*に関する共通祖先が100万年以上前に生きていたとすれば、それはヒトではないことになってしまう。

じつは、そうなのだ。現在生きているすべてのヒトの*FOXP2*に関する共通祖先は、ヒトではないのである。

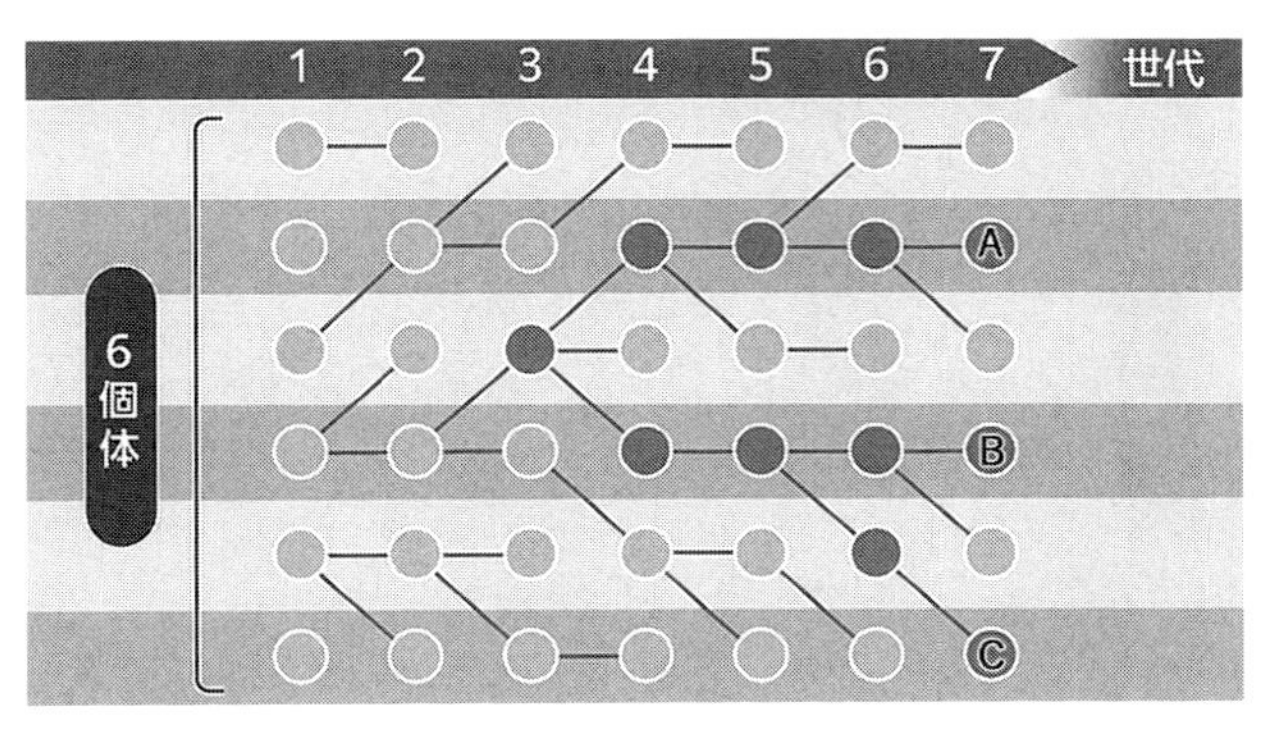

図4－1
ある遺伝子が、無性生殖をする集団中を伝わっていくパターン

遺伝子の歴史を遡る

図4－1は、ある遺伝子が、無性生殖をする集団中を伝わっていくパターンを表している。各世代の個体数は6個体で、遺伝子は子孫に伝わることもあるし、伝わらないこともある。

さて、現在（7世代目）から時間を逆に遡ってみよう。任意の2つの遺伝子を選んで時間を遡ると、2つの系統はある時点で1つの祖先遺伝子へ辿り着く。これを「合祖（ごうそ）する」という。どの遺伝子を選ぶかによって、合祖するまでの世代数は変化する。

たとえば、遺伝子Aと遺伝子Bは、合祖するのに4世代かかる。一方、遺伝子Bと遺伝子Cは、わずか2世代遡るだけで合祖する。私たちは有性生殖をする生物なので、遺伝子の伝わり方が、図4－1とは少し違う。図4－1は無性生殖を念頭に置いて描かれた図だからだ。と

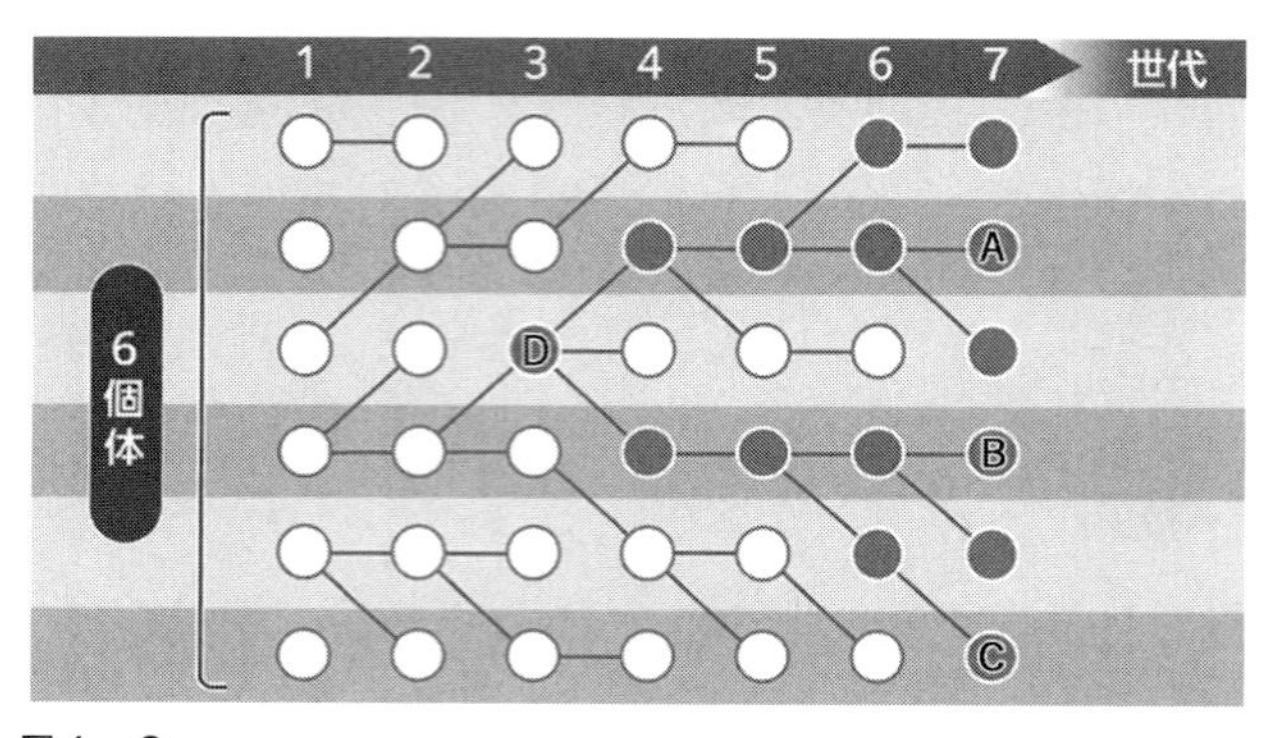

図4－2
図4－1をもとに祖先遺伝子をもつ個体と集団の起源となる個体に注目した図。遺伝子Dが祖先遺伝子で、集団の起源はさらに前の個体である

はいえ「どの2つの遺伝子を選んでも、十分に時間を遡れば、必ず1つの祖先遺伝子に合祖する」という基本は、有性生殖でも無性生殖でも同じである。

合祖を考えるときに注意しなくてはならないことが2つある。1つ目は、集団中のすべての個体の祖先遺伝子をもつ個体が、集団の起源とは限らないということだ。図4－2で考えれば、現在（7世代目）の集団中の、すべての個体の祖先遺伝子をもつ個体は、3世代目の遺伝子Dを持つ個体だ。でも、明らかに、この個体は集団の起源ではない。集団は3世代目よりも前から続いているからだ。

2つ目は、遺伝子によって合祖までの時間が違うということだ。すべてのヒトのミトコンドリア（の遺伝子）は、約16万年前にアフリカに住んでいた一人の女性に由来する。ヒトが現れたのは約30万年前だから、約16万年前はそれより後である。だから、その女性はヒトであろう。

一方、*FOXP2*遺伝子は、１００万年以上前のアフリカに住んでいた一人の人類に由来する。ヒトが現れたのは約30万年前だから、１００万年以上前はそれより前である。だから、その人類はヒトではない。１００万年以上前には、まだヒトはいなかったからだ。

合祖するまでのプロセス

今までの話で、*FOXP2*に関する、ヒトの共通祖先がヒトでないことは、頭ではわかった。でも、何となくしっくりこない。どうすれば、感覚的に理解できるだろうか。

遺伝子が合祖するまでの時間やパターンは、いろいろな要因に左右される。たとえば、自然淘汰が働いていると、ある遺伝子の頻度の増加が加速されることがある。遺伝的浮動も、合祖までのパターンにさまざまな影響を与える。だから、決まったパターンはないけれど、比較的よくあるパターンはある。それは、時間を遡っていくと、初めは急速に合祖していくが、系統が減っていくにつれて合祖する速度が遅くなっていくパターンだ。

時間を遡るにつれて、たくさんの遺伝子が合祖していき、ついに系統が2つだけになった。もう1回合祖が起きれば、すべての遺伝子の合祖が完了する。ところが、この最後の合祖がなかなか起きない。多くの系統が合祖して2つになるまでの時間より、最後の2つの系統が合祖して1

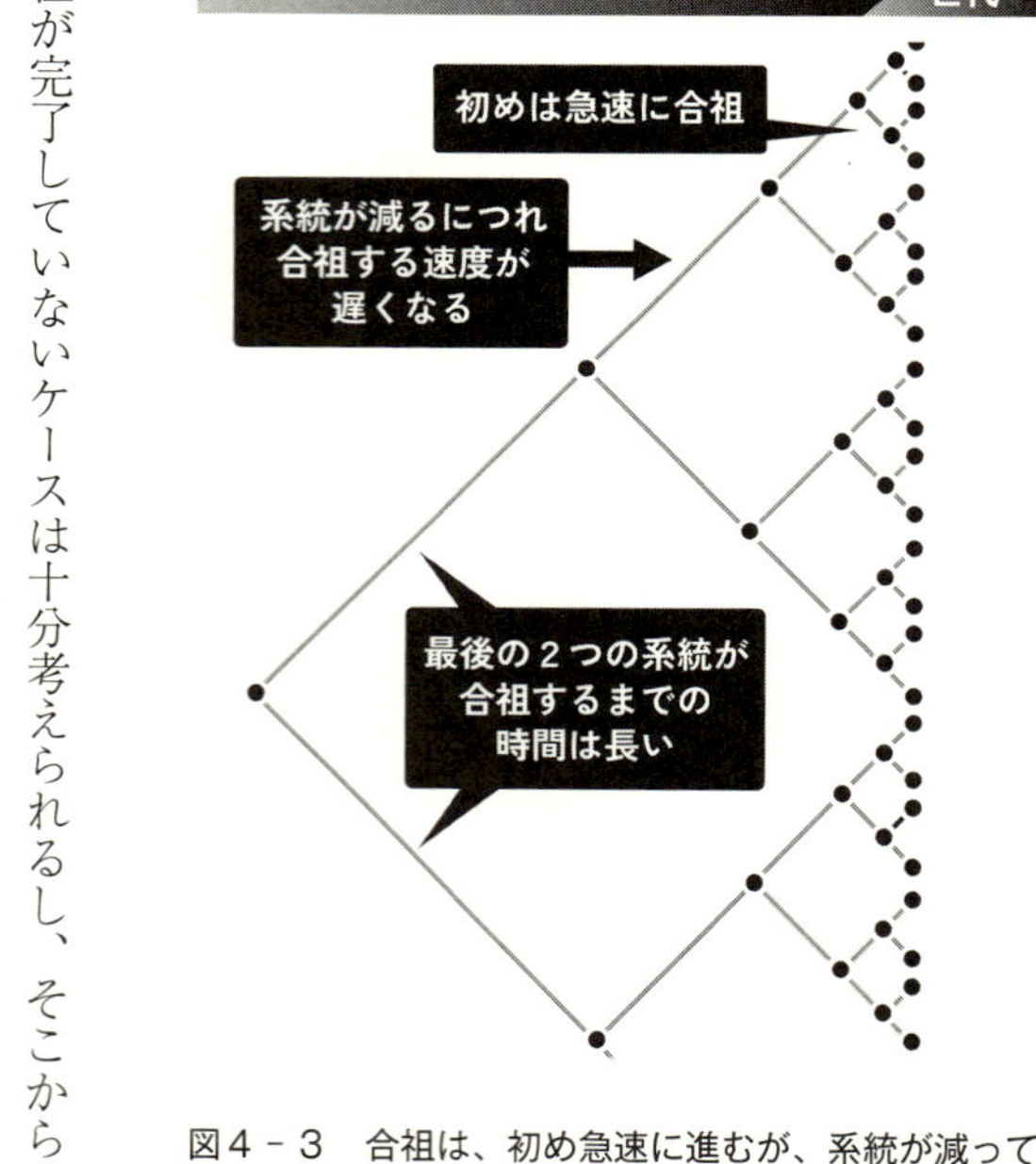

図４－３　合祖は、初め急速に進むが、系統が減っていくにつれて遅くなり、最後の２つの遺伝子の合祖は非常に長い時間がかかる

つになるまでの時間のほうが長いことも珍しくない。合祖が完了する前の最終段階は時間がかかるのである。

30万年前の時点で、初期のヒトが何人いたかわからないが、仮に100人いたとしよう。その場合、*FOXP2*遺伝子は、少なくとも200個あったことになる（一人ひとりが少なくとも母親由来と父親由来の2つの遺伝子を持っているため）。この時点で合祖が完了していないケースは十分考えられるし、そこからたった1つの遺伝子に合祖するまでには、かなり時間がかかるだろう。そして、その時間は、ヒト以前の人類種の中で、時間を遡りながら経過していくことになる。したがって、現在生きているすべてのヒトの*FOXP2*に関する共通祖先が、ヒトでなくても不思議ではないのである。

もしも*ＦＯＸＰ２*に突然変異が起きて、そのためにヒトらしい行動が進化したとすれば、それは１００万年以上の時間をかけて、ゆっくりとヒト全体に広がっていったはずだ。だから、ヒト以前の人類、たとえばホモ・エレクトゥスやホモ・ハイデルベルゲンシスから、すでにヒトらしい行動が始まっていなくてはおかしい。さらに、ヒトが現れた30万年前以降についても、ヒトらしい行動をしないヒトが長いあいだ存在しなくてはおかしい。

でも実際には、ヒトらしい行動は、数万年前に急速に進化している。これは、１つあるいは少数の遺伝子の突然変異では説明しにくい現象だ（ほとんどの遺伝子の共通祖先は10万年以上前に存在していたと推定されている）。

では、ヒトらしい行動が進化した原因は何なのだろうか。はっきりとはわからないが、遺伝子の組み合わせが大きな役割を果たした可能性はある。ヒトらしい行動に必要な遺伝子（の変異）はすでに存在していて、それらがうまく組み合わせられた遺伝子セットが、自然淘汰によって急速に増加した場合などだ。あるいは、必要な遺伝子セットはずっと前から存在していて、ヒトらしい行動が進化した引き金は環境的なものだったのかもしれない。

ヒトの行動が１つあるいは少数の遺伝子によって決定されているという話は魅力的だ。つい飛びついてしまいたくなる。でも、そういう話には慎重になったほうがよい。皆無ではないかもしれないが、あったとしても非常に稀な現象だろう。

エピジェネティクス、親子の類似性はＤＮＡだけではない

子は親に似る。それは、親から子に遺伝情報が伝わるからだが、その遺伝情報には２つの種類がある。一つはＤＮＡの塩基配列で、もう一つはエピジェネティックな情報だ。

エピジェネティクスとは「ＤＮＡの塩基配列の変化によらずに、**遺伝子の発現**（遺伝子のＤＮＡがＲＮＡに転写されたりタンパク質に翻訳されたりすること）**を変化させる情報が、細胞分裂を経て伝わる現象**」のことだが、進化に関する話においては、次のように言い換えることもできる。

エピジェネティックな情報＝遺伝情報－ＤＮＡの塩基配列の情報

つまり、ＤＮＡの塩基配列以外の遺伝情報は、すべてエピジェネティックな情報である。このエピジェネティックな情報が遺伝すること、つまり親から子へ伝わることが広く知られるようになったためか、最近出版されたイギリスの本に、こんな趣旨のことが書いてあった。

「ラマルクの説の復活は旧来の生物学者に激しい怒りを掻き立てる。もしも、エピジェネティックな変化が世代を超えて伝わるとしたら、ダーウィン進化論の根底が揺さぶられることになるからだ」

このような意見は、この本の著者だけのものではなく、わりとよく耳にする意見である。でも、こういう意見は、ラマルクについても、エピジェネティクスについても、ダーウィンについても、誤解をしているのではないだろうか。

なぜいろいろな細胞に分化するのか

私たちの一生は、受精卵というたった1つの細胞から始まる。この受精卵が分裂して、数がどんどん増えていって、ついには約40兆個の細胞から成る人間の大人になるわけだ。しかし、細胞分裂によって増えるのは細胞の数だけではない。細胞の種類も増えていく。最初は受精卵というたった1種類の細胞だったが、細胞分裂をしていくうちに、いろいろな種類の細胞へと分化していく。そして最終的には、約260種類の細胞になるのである。

たとえば、受精卵が神経細胞と筋細胞に分化したとしよう。この神経細胞と筋細胞は、同じ受精卵からDNAを受け継いでいるので、DNAの塩基配列はまったく同じである。それにもかか

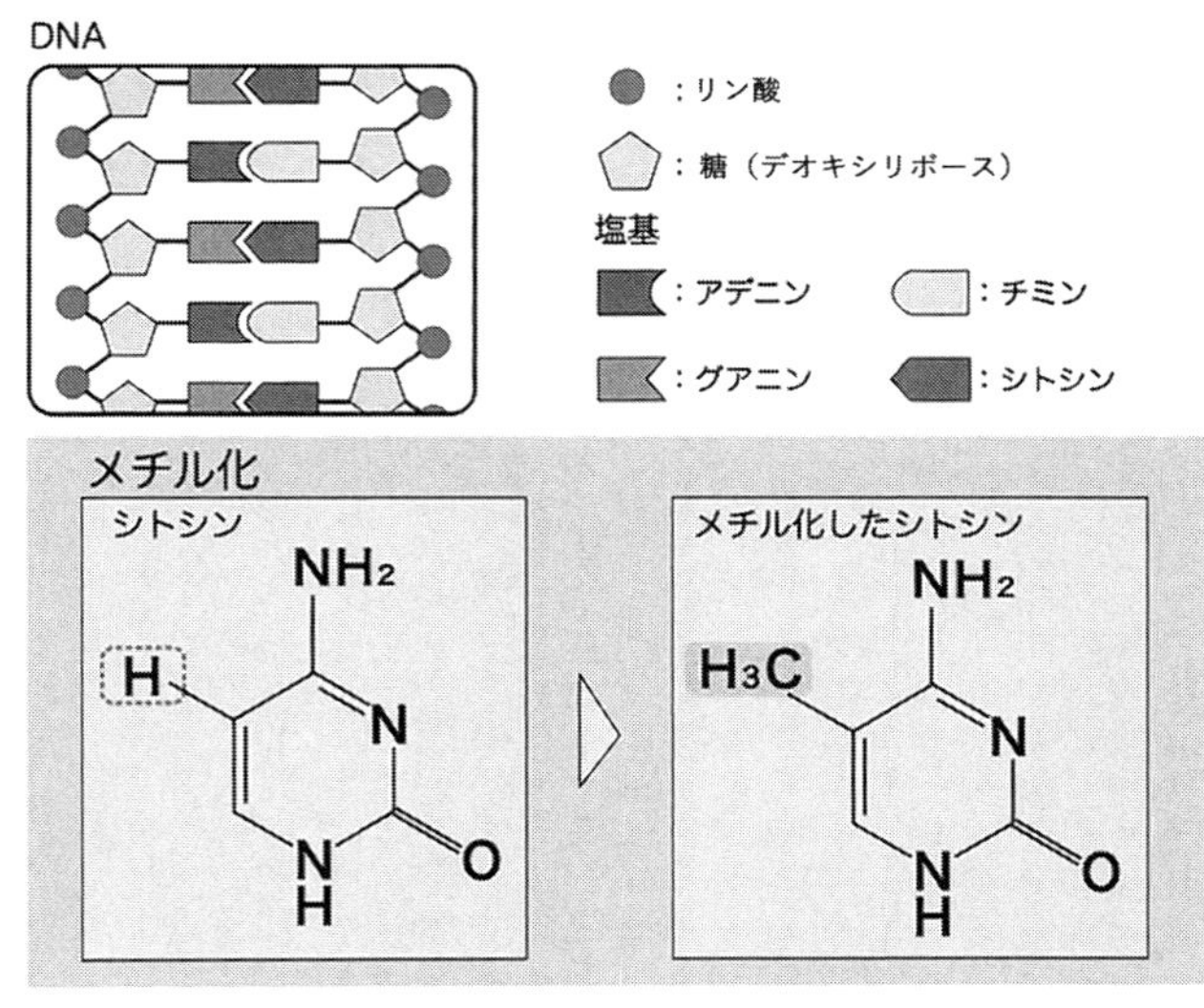

図４－４　シトシンのメチル化

わらず、なぜ別の種類の細胞になったのだろうか。それは塩基配列以外の情報、つまりエピジェネティクスが変化したからである。

　具体的なエピジェネティクスとしては、DNAの修飾（構造の化学的変化）とタンパク質の修飾がある。もっとも有名なエピジェネティクスは、DNAのメチル化である。

　DNAにはシトシン、チミン、アデニン、グアニンという4種類の塩基が含まれるが、その中のシトシン（生物によってはアデニン）には、ある条件の下でメチル基（$-CH_3$）が付加されることがある。この、シトシンにメチル基が付加されることを、**DNAのメチル化**という。DNAのメチル化が進むと遺伝子は不活化される、つまり遺伝子からタンパク質が作られなくなることが知られている。

受精卵から成体に至る発生過程において、エピジェネティクスは変化するけれど、つねに変化し続けているわけではない。基本的には、細胞が分化する時期には変化するが、分化が終わった後は、細胞が分裂しても変化しない。

このように、エピジェネティクスは、細胞分裂を超えて受け継がれることがある。それでは、**世代を超えて受け継がれることもあるだろうか**。この問いは重要である。なぜなら、もしも世代を超えて受け継がれるのであれば、それは進化の要因になり得るからだ。

エピジェネティクスは遺伝する

精子と卵が受精すると、受精卵という1つの細胞になる。しかし、この段階の受精卵には、まだ精子に由来する核（雄性前核）と卵に由来する核（雌性前核）が、別々に残っている。つまり、核が2つ存在しているのである。

これらの前核に関する興味深い実験がある。核移植によって、これらの前核を入れ替えてみたのである。受精卵には雄性前核と雌性前核があるが、そのうちの雄性前核だけを抜いて、他の受精卵の雄性前核を移植すると、受精卵は正常に発生した。たとえ他の受精卵から移植した雄性前

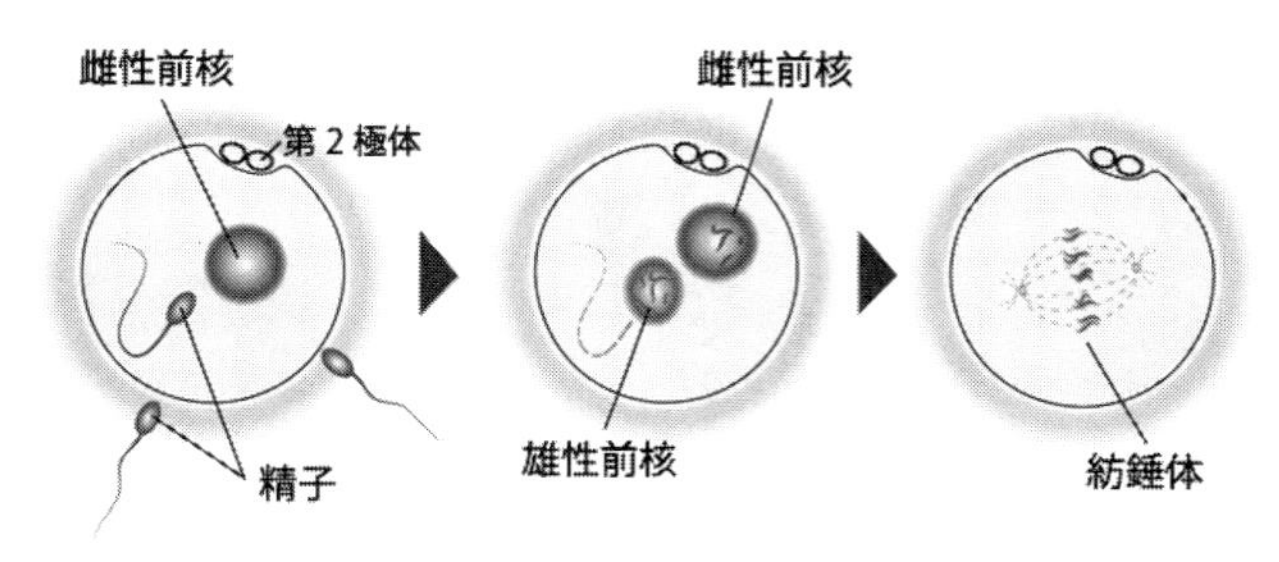

図４－５　雄性前核と雌性前核がある段階の受精卵
（参考：『人体発生学』K. L. ムーア）

核であっても、とにかく雄性前核と雌性前核が揃っていれば、受精卵は発生できるようだ。

一方、受精卵から雄性前核を抜いて、他の受精卵の雌性前核を移植すると、受精卵は正常に発生しなかった。やはり、雄性前核と雌性前核が揃っていないと、たとえ雌性前核が２つあっても、発生はできないらしい。なお、雄性前核と雌性前核の組み合わせを逆にして実験を行っても、同様の結果となった。

つまり受精卵は、雄性前核と雌性前核が両方ないと、正常に発生できないのだ。雄性前核が２つあってもダメだし、雌性前核が２つあってもダメなのだ。

でも、どうしてだろう。ＤＮＡの塩基配列の情報という観点から考えれば、雄性前核が２つでも、雌性前核が２つでも、雄性前核と雌性前核が１つずつでも、同じはずである。それなのに、雄性前核と雌性前核が両方ないと正常に発生できないということは、**雄性前核も雌性前核も塩基配列以外の情報を持っており、そこに違いがある**ということだろう。つまり、エピジェ

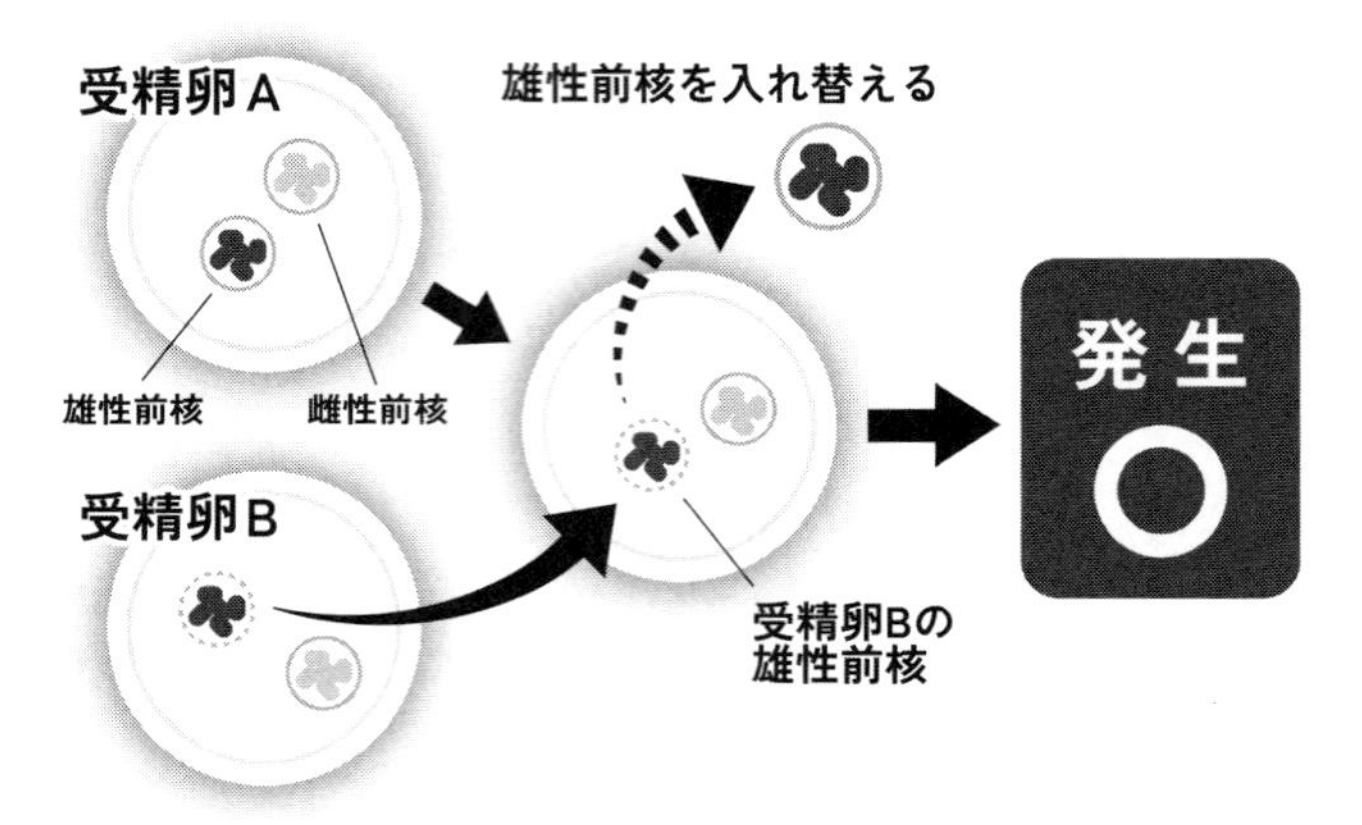

図4－6　雌性前核と雄性前核を有する段階の受精卵のうち、雄性前核を別の受精卵のものに置き換えても発生は進んだ

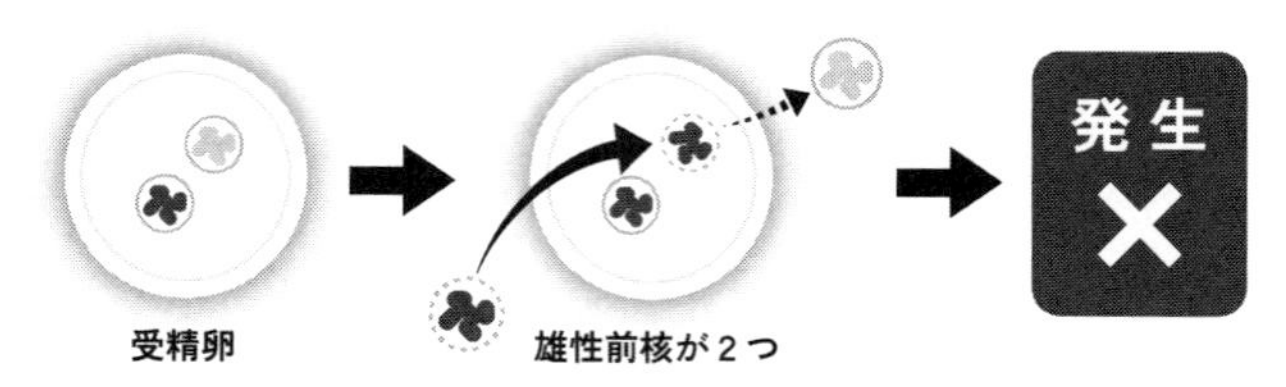

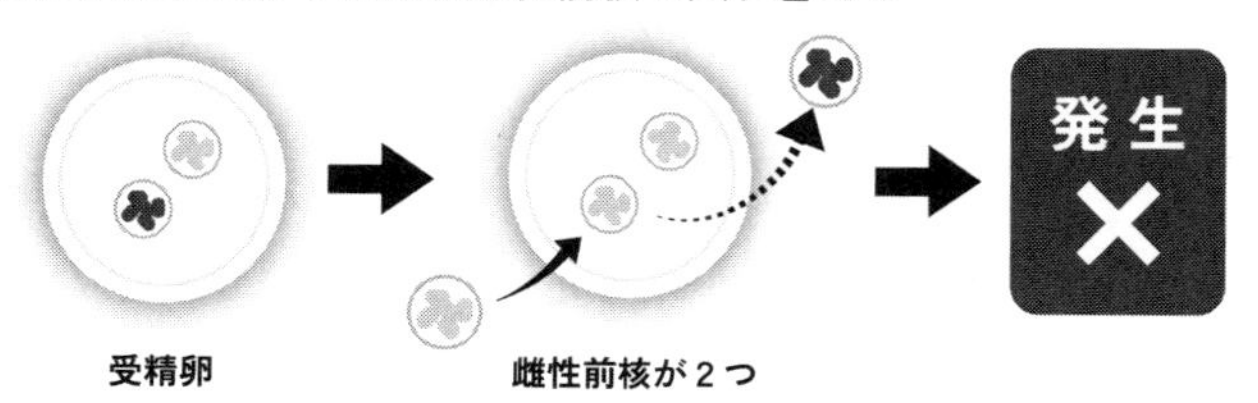

図4－7　雌性前核を別の受精卵の雄性前核に置き換えた場合、雄性前核を別の受精卵の雌性前核に置き換えた場合は、発生が進まなかった

ネティックな違いがあるということだ。

この予想が正しかったことが、現在では確認されている。一部の遺伝子では、雄性前核と雌性前核で、DNAのメチル化のパターンが異なっていたのである。このような遺伝子をゲノムインプリンティング遺伝子といい、哺乳類で100個ほどが同定されている。

ゲノムインプリンティング遺伝子では、片方の親からきた遺伝子がメチル化されているため、その遺伝子は発現できない。つまり、その遺伝子を発現させようと思ったら、もう一方の親からきた遺伝子を発現させるしかない。

ゲノムインプリンティング遺伝子では、父方の遺伝子がメチル化されている場合も、母方の遺伝子がメチル化されている場合もある。したがって、発現できる遺伝子をすべて揃えるためには、両親からDNAを受け継がなければならない。そのため、ゲノムインプリンティングという現象には、単為発生（卵が受精することなく単独で発生すること）を防いでいる可能性がある。

受精する前の精子と卵のDNAは、かなりメチル化されているが、受精直後に両者のDNAのメチル化は、ほとんど消去される。しかし、一部の遺伝子では、DNAのメチル化が消去されずに保存され、これが雄性前核と雌性前核の違いとなる。そして、その後の細胞分裂においても、このメチル化のパターンが維持されていくのである。つまり、**一部のエピジェネティクスは、世代を超えて受け継がれる**ということだ。

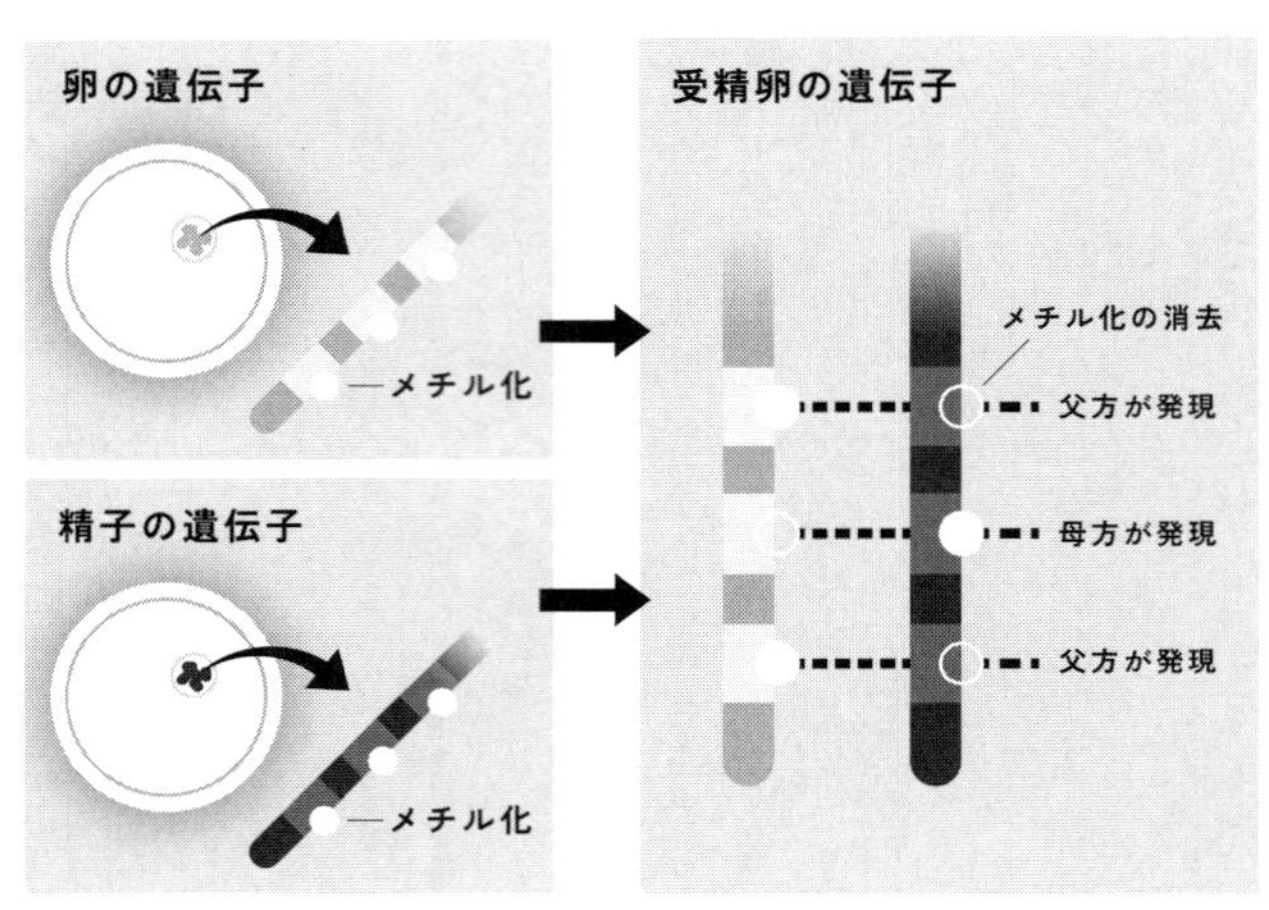

図4－8　ゲノムインプリンティング遺伝子の働き

エピジェネティックな情報は変化しやすい

DNAは、ヌクレオチドという化合物がたくさんつながった分子である。ヌクレオチドの一部は塩基という構造になっていて、この塩基にメチル基が結合するとメチル化された塩基になる。つまり、塩基はヌクレオチドの一部分で、メチル基はさらにその塩基の一部分だ。

全体を変えるより一部を変えるほうが簡単なので、塩基を変化させるよりメチル化を変化させるほうが簡単だ。このため、塩基配列よりメチル化のパターンのほうが変化しやすいと考えられる。実際、塩基配列は、生物の一生を通じて変化しないことが普通だが、メチル化のパターンは、（それなりに安定しているけれど）細胞が分化する過程で変化することが普通である。

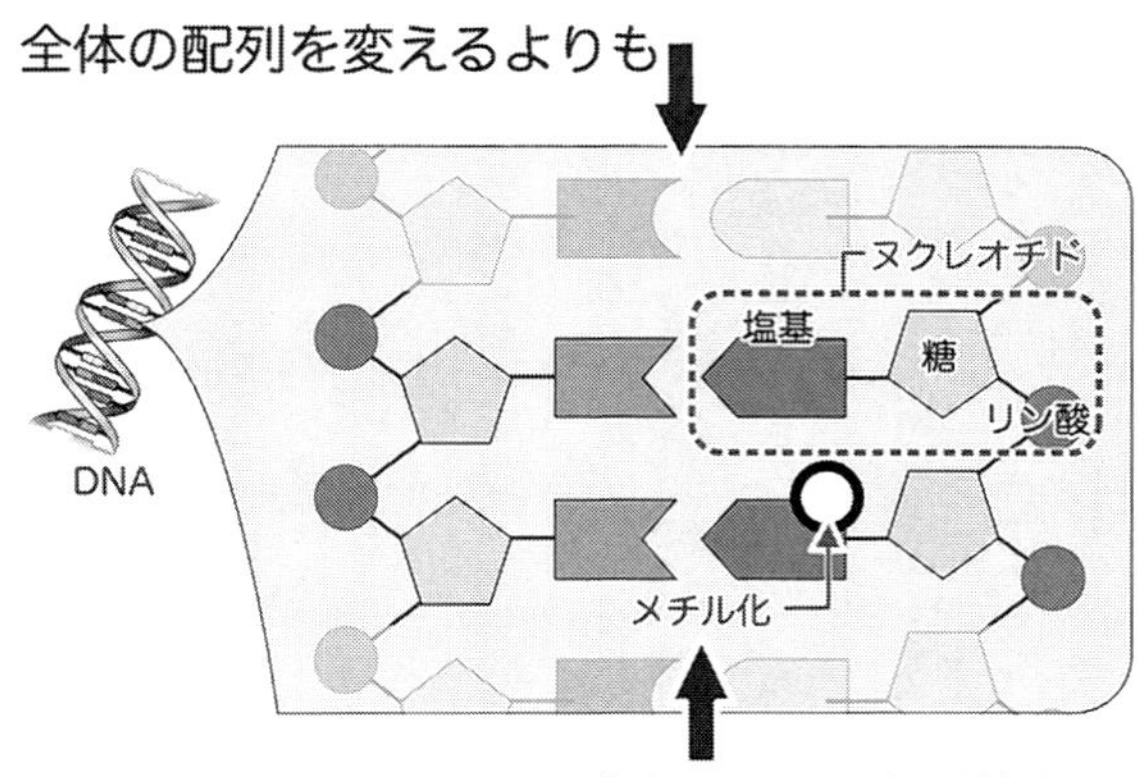

図4－9　ヌクレオチドと塩基のメチル化

また、環境などの影響でメチル化のパターンが変化することも、それほど珍しいことではない。たとえば、セイヨウタンポポを低栄養状態にすると、メチル化のパターンが変化する。そして、この変化したパターンは、子の世代にも伝わる。これは、親が生きているあいだに獲得した形質が子に伝わったことになる。

少し古いが、こんな話もある。スウェーデンの北部で1905年に生まれた99人の人とその両親や祖父母の寿命と、農作物の生産量との関係を調べてみた。すると、少年時代に飽食を経験した男性の息子や孫は、有意に寿命が短かったのである。これは、飽食によって獲得された何らかの形質が、何らかの形で子や孫に伝えられたからと考えられる。

女性であれば子宮などの環境が変化して、それが子に影響した可能性も否定できない。ところが、男性の場合は、子に情報を伝えるためには精子を経るしかない。しかし、飽食によって、ＤＮＡの塩基配列が変化することは考えにくい。そうなると、子に情報を伝える手段としては、エピジェネティクス以外にほとんど考えられないことになる。

ただし、この研究は昔の記録をもとにしているし、サンプル数も少ないので、説得力が強いとはいえない。とはいえ、マウスでも、これに近い現象が報告されているので、まるきり嘘というわけではないかもしれない。

ラマルクもダーウィンも間違っていたけれど

親が生きているあいだに獲得した形質が遺伝することはラマルクもダーウィンも主張していた。彼らが主張した考えは、用不用説と言われる。親の世代でよく使う器官が発達すると、その発達した器官が子供の世代にも伝わるという説だ。ここでは、用不用的獲得形質の遺伝と呼ぶことにしよう。

一方、セイヨウタンポポなどで報告されている獲得した形質が遺伝する現象は、環境の変化が原因になっている。**環境の変化が原因で、ＤＮＡのメチル化などのエピジェネティクスが起こったのだ。**

環境によって獲得された形質が遺伝することは、さまざまな生物で報告されているけれど、用不用的獲得形質の遺伝は、まったく報告されていない。ラマルク説は復活などしていないのである。

ちなみにダーウィンも、用不用的獲得形質の遺伝を主張していたが、ラマルクのほうが先に主張したからだろうか、用不用的獲得形質の遺伝説のことはラマルク説と呼ぶことが多い。ともあれ、現在まで生き残ることはできなかった。生き残ったのは、ダーウィンの自然淘汰説であった。そして、自然淘汰は塩基配列の変化だけでなく、エピジェネティックな変化にも作用する。

しばしば「ダーウィン進化論」という言葉を耳にする。この言葉が何を意味しているのかよくわからないけれど、もしも自然淘汰説を指すのであれば、「ダーウィン進化論」は現在においてゆるぎなく確立した理論である。いっぽう、もしも用不用的獲得形質の遺伝を指すのであれば、「ダーウィン進化論」は根底から揺さぶられて、すでに転覆していると言ってよいだろう（第２講義「獲得した形質の遺伝は存在する」の節も参照）。

DNAの一致度98・7パーセントのチンパンジーとヒトの血縁度がゼロである理由

以前に、こんなことを訊かれたことがある。

「親が子供のために命を投げ出すのは、血縁度が50パーセントもあるからでしょう。子供は自分と同じ遺伝子をたくさん持っている。だから、自分と同じ遺伝子を残すために、親は子供を助けるのよね。でも、それならチンパンジーはどうなるの。人間とチンパンジーのDNAの一致度は98・7パーセントだから、50パーセントよりずっと高い。ということは、もしも仮に、子供とチンパンジーを連れている時に、命の危険を感じるような事故が生じたら、自分の子供より先に、チンパンジーを助けるべきなのかな」

この話の中で、「自分と同じ遺伝子をたくさん持っているから助ける」という部分は、べつに法則というわけではないし、かならず成り立つわけでもない。しかし、大ざっぱにはそういう傾向があるので、ここでは成り立つことにしよう。さて、その場合、私たちは本当に家族よりもチ

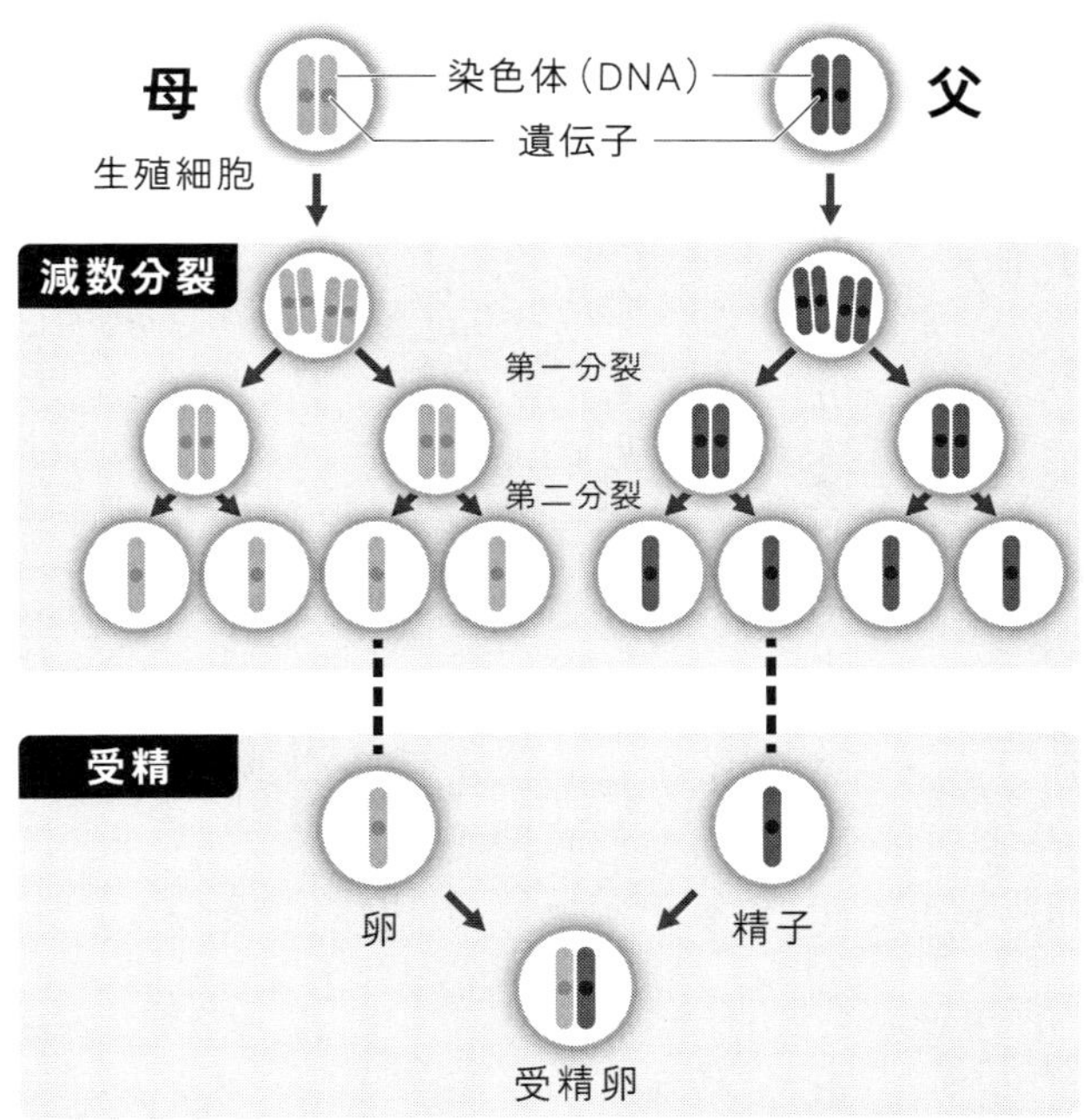

図4－10　減数分裂によって、DNAが半分になった精子と卵が受精して子になるので、子の遺伝子の数は、父親や母親の遺伝子の数と同じになる

ンパンジーを優先して助けるべきなのだろうか。

減数分裂と血縁度について

私たちは父親（あるいは母親）と50パーセントの遺伝子を共有している、とよくいわれる。その意味は、以下のようなものである。

私たち人間は有性生殖をする動物なので、子は父親からも母親からも遺伝子を受け継ぐ。とはいえ、もしも父親と母親のすべての遺伝子を受け継いだら、子の遺伝子は父親や母親の遺伝子の2倍になってしまう。そして孫は4倍、ひ孫は8倍と、際限なく遺伝子が増えてしまう。

それでは不都合なので、子は父親からも母親からも、それぞれの遺伝子の半分しか受け継がないようになっている。つまり、父親が精子を作るときや、母親が卵を作るときには、減数分裂という特殊な細胞分裂をして、精子や卵のDNAを半分に減らしているのだ。そういう精子と卵が受精して子になるので、子の遺伝子の数は、父親や母親の遺伝子の数と同じになるわけだ。

その結果、父親(あるいは母親)と子は、それぞれの遺伝子の2分の1を共有していることになる。この2分の1を**血縁度**という。言葉で定義すれば、

近い祖先から受け継いだ遺伝子の共有率

ということになる(血縁度の定義は複数あり、これはそのうちの一つである)。

血縁度は「遺伝子が受け継がれたルート」で判断される

この血縁度の定義の中で、わざわざ「近い祖先」と断っていることは、あまり気にしなくてよい。仮に、ものすごく遠い祖先(極端なケースとしては生命が生まれたときの最初の生物)を想定すると、おかしな話になるので、一応断っているのである。もしも、最初の生物を祖先と想定

すれば、現在生きている生物のすべての遺伝子は同じ祖先から受け継いだものになってしまう。そのため、どんな生物のあいだの血縁度も1になり、血縁度を考える意味がなくなってしまう。

もちろん、これは極端なケースであって、祖父母や曽祖父母ぐらいまでを想定しているかぎりは、何の問題もない。ちなみに、兄弟姉妹のあいだの血縁度は2分の1で、祖父母と孫のあいだの血縁度は4分の1である。

一方、血縁度の定義での中で、「受け継いだ遺伝子」の部分はとても重要だ。血縁度とは、遺伝子の類似度で判断するものではなく、遺伝子が受け継がれたルートで判断するからだ。

たとえば、あるチンパンジーと人間のあなたが、仮に（あくまで仮に、です）同じ両親から生まれた兄弟姉妹であれば、血縁度は2分の1になる。仮に人間のあなたの祖父がチンパンジーなら、血縁度は4分の1になる。でも、そういうことはないだろう。あなたの血縁者の中に、チンパンジーはいないはずだ。だから、あなた（人間）とチンパンジーの血縁度はゼロなのである。

血縁度と塩基配列の罠

それでは、人間とチンパンジーのDNAの一致度が98・7パーセントだという話は、血縁度とどういう関係にあるのだろうか。

ここでいうDNAの一致度というのは、DNAの塩基配列の一致度という意味である。DNA

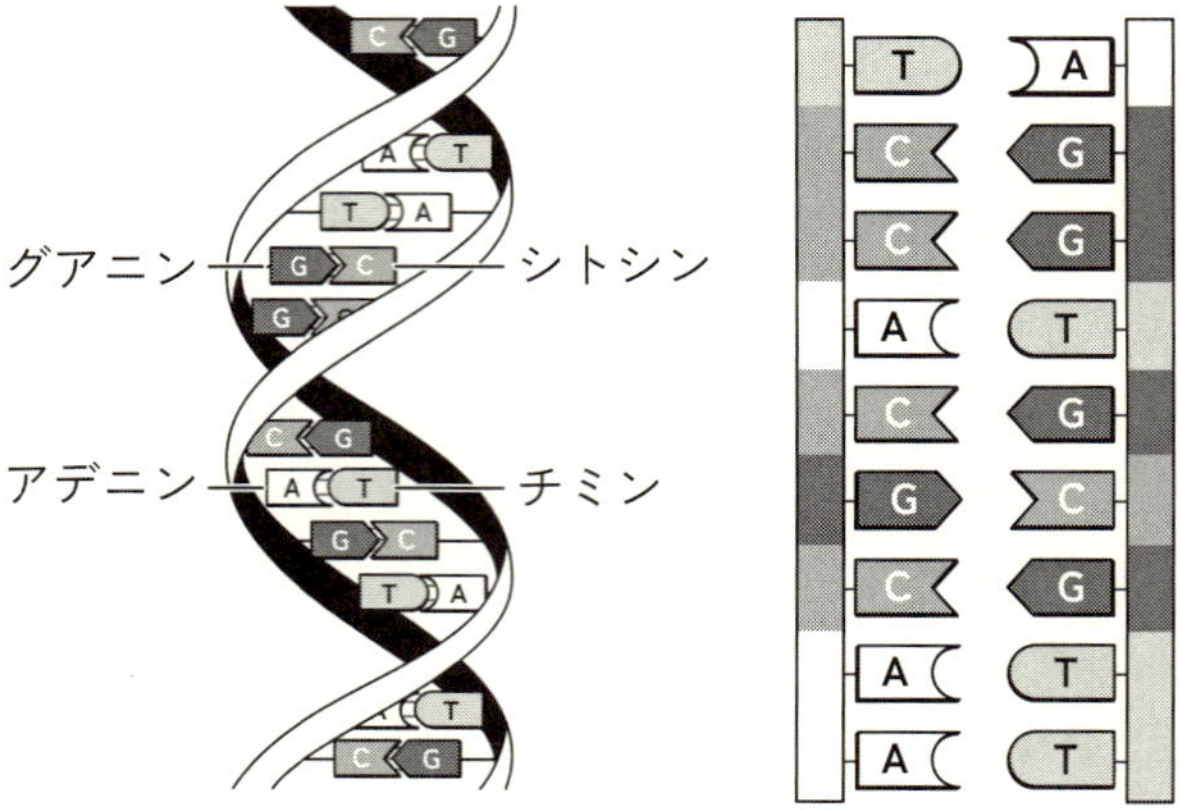

グアニン　シトシン
アデニン　チミン

DNA二重らせん　　糖とリン酸の主鎖

図4－11　DNAには、4種類の塩基が含まれ、その塩基配列が遺伝情報になっている。図中のAがアデニン、Gがグアニン、Cがシトシン、Tがチミンを表す

には、アデニン（A）、グアニン（G）、シトシン（C）、チミン（T）という4種類の塩基が含まれており、その塩基の並び方、つまり塩基配列が遺伝情報になっている。この塩基配列が、人間とチンパンジーでは98・7パーセント一致しているわけだ。

ところで、人間では、血縁関係にない赤の他人同士の塩基配列の一致度は（かなり多様性があるけれど）99・9パーセントぐらいだったりする。その場合、たとえば血縁度が2分の1の父親と子の塩基配列はどのくらい一致しているのだろうか。

親と子の「塩基配列の一致度」

子に注目して考えてみよう。子から見て、父親との血縁度が2分の1ということは、子のDNAの2分の1は父親から直接伝わったことを意味する。したがって、その部分の塩基配列は（突然変異が起きないとすれば）100パーセント一致しているはずである。そして、子のDNAの残りの2分の1は、父親とは（多くの場合、遺伝的には）赤の他人である母親から伝わったものだ。したがって、その部分の塩基配列の、父親に対する一致度は99・9パーセントしかない。

したがって、血縁度が2分の1の親子の場合、塩基配列の一致度は、DNA全体の2分の1は100パーセントで、残りの2分の1は99・9パーセントになる。つまり、全体では99・95パーセントだ。また、血縁度が4分の1の祖父母と孫の場合、塩基配列の一致度は、DNA全体の4分の1は100パーセントで、残りの4分の3は99・9パーセントになる。つまり、全体では99・925パーセントだ。

どちらにしても、人間同士の塩基配列の一致度は、人間とチンパンジーの塩基配列の一致度（98・7パーセント）より高くなる。当たり前といえば当たり前の話だが、ここで誤解しやすい点は、塩基配列の一致度が高いから血縁度が高くなるわけではないということだ。塩基配列の一致度と血縁度は関係ないのである。

塩基配列の一致度が低くても血縁度が高い場合

地球から遠く離れたある惑星には知的生命体が住んでいて、その遺伝システムは地球の人間と同じで、ＤＮＡを使ったものだとしよう。ただし、地球の人間と違って、その知的生命体の種内の遺伝的多様性は高く、赤の他人との塩基配列の一致度は90パーセントだとする。

その知的生命体の親子の血縁度は、地球の人間と同じで２分の１である。つまり、塩基配列の２分の１は１００パーセント一致するが、残りの２分の１は90パーセントしか一致しない。つまり、平均的に考えれば、親子の塩基配列の一致度は95パーセントということになる。これは人間とチンパンジーの一致度より低い値である。

地球の人間の場合、血縁度がゼロのチンパンジーとの塩基配列の一致度は98・７パーセントであるが、その惑星の知的生命体の場合、血縁度が２分の１の父親との塩基配列の一致度は95パーセントしかない。このように、血縁度が高いほうが塩基配列の一致度が低いケースも考えられるので、血縁度と塩基配列の一致度のあいだに直接の関係はないのである。

血縁度の意味するものは

血縁度が高いからといって、ＤＮＡの塩基配列の一致度が高いとはかぎらない。つまり、血縁度が高いから似ているとは限らない。それでは、血縁度とは、いったい何なのだろうか。

じつは、血縁度は以下のように表現することもできる。

ある個体から見て血縁度がａの個体とは、ある個体がある遺伝子を集団の平均よりもｂだけ高頻度に持つとき、同じ遺伝子を集団の平均よりａ×ｂだけ高頻度に持つと期待される個体のことである。少しややこしいが、要するに、**血縁度がゼロでなければ、両者の遺伝子の頻度に関係があるということだ。**

つまり、血縁度の高さが意味するのは、両者がどれだけ似ているかという静的な関係ではなく、両者の遺伝的なつながりがどれほど太いかという動的な関係だ。

一方、塩基配列の一致度は、両者がどれだけ似ているかという静的な関係の表現である。両者はまったく別の概念なのだ。

血縁度は動的な概念で、進化の原動力だ。自然淘汰の結果が世代を超えて伝わらなければ、生物は進化しない。血縁度がすべてゼロなら自然淘汰は作用することができない。血縁度とは、進化を起こす力なのである。

近親交配と進化の法則をめぐるジレンマ

生物は進化する。そして、私たちヒトは生物である。したがって、もちろん私たちも進化する。だから、私たちも進化の法則に支配されていて、それから逃れることはできない。私たちは、しょせん進化の手のひらの上で踊っているに過ぎないのだ。だから、進化の法則を私たちに当てはめれば、私たちの体の形や行動についての理解が深まるはずである。

以上に述べたことは正しい、と私は思う。ということで、進化の法則を私たちヒトに当てはめてみたのが、以下の話である。でも、この話の結論は正しいだろうか（ちなみに以下の話では、「子がいないより、いるほうがよい」といった表現が出てくるが、これは何らかの価値観ではなく、進化のメカニズムとしての話なのでご了承ください）。

配偶相手は兄弟姉妹のほうがよい？

生物は、自分の遺伝子をなるべく増やそうとする。つまり、なるべくたくさんの子を残そうとする。ヒトの場合は結婚したりして子を残すわけだが、さて、どうすれば自分の遺伝子をたくさん残せるだろうか。

ヒトは有性生殖をして子を作る。つまり、自分のＤＮＡと配偶相手のＤＮＡを、両方とも子に渡す。でも、そのまま渡したら、子のＤＮＡは、自分や配偶相手のＤＮＡの２倍になってしまう。そこで、子に渡す前に、ＤＮＡを半分にしておく必要がある。

この、ＤＮＡを半分にする操作を**減数分裂**という。ヒトは減数分裂によって精子や卵を作るので、精子や卵のＤＮＡは半分になっている。その精子と卵が受精すれば、ＤＮＡの量はもとに戻って、ちょうど良くなるわけだ。

さて、あなたのＤＮＡには遺伝子がたくさんあるが、その中のある遺伝子の遺伝子型をAAとしよう。そして、配偶相手が血縁関係にない人だとすると、あなたとは遺伝子型がたいてい異なるので、配偶相手の遺伝子型をBBとしよう。すると産まれた子は、あなたからAを受け継ぎ、配偶相手からはＢを受け継ぐので、遺伝子型はABとなる。つまり、子の遺伝子の半分は、あなたの遺伝子と同じというわけだ。

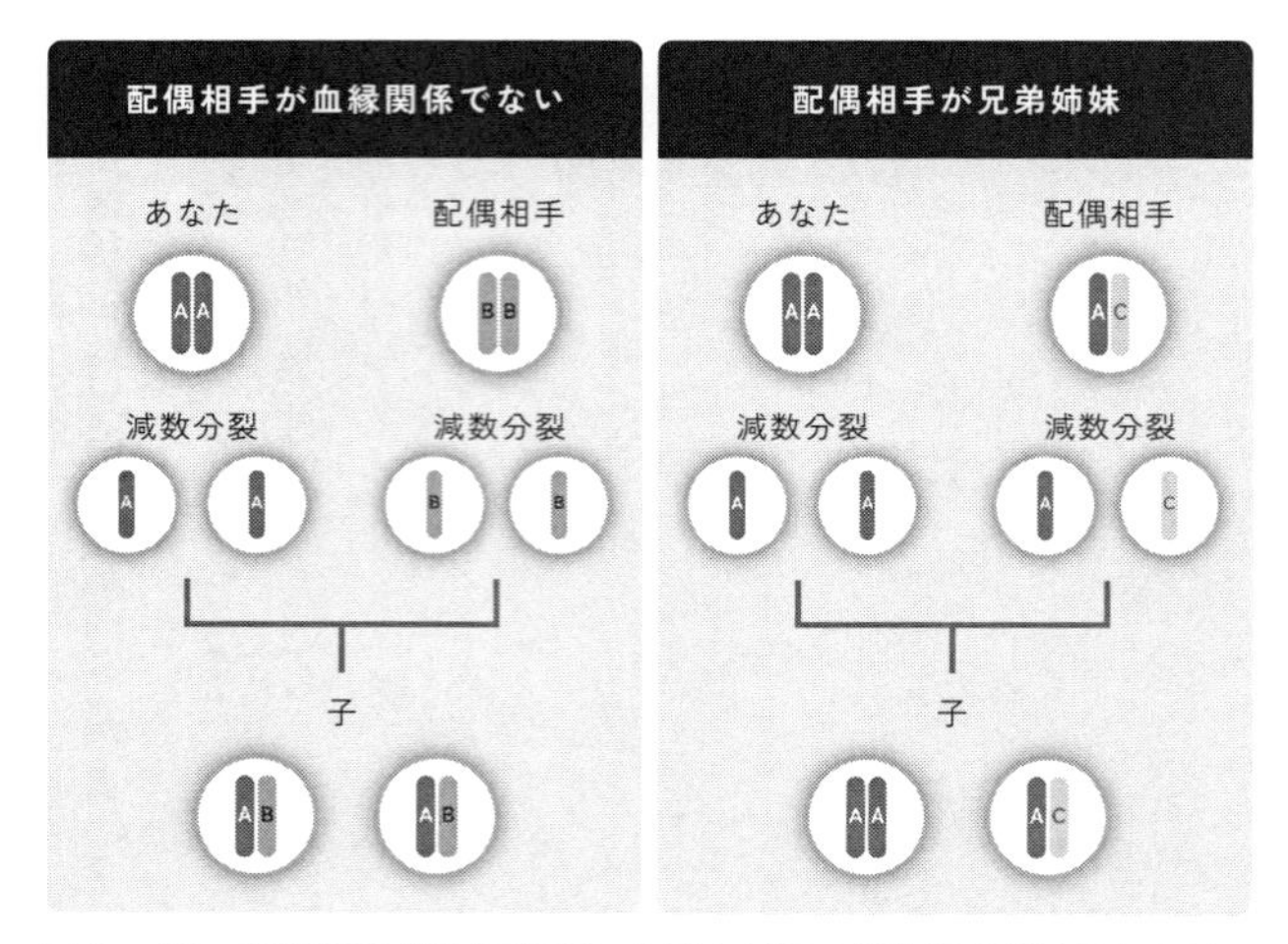

図4－12　配偶相手が血縁関係になければ子の遺伝子型はABとなり、配偶相手が兄弟姉妹ならば子の遺伝子型はAAかACとなり、あなたのA遺伝子は75パーセントの確率で子に受け継がれる

ところで、もしも配偶相手が兄弟姉妹だったらどうなるだろうか。兄弟姉妹のDNAなら、その半分は、あなたのDNAと同じはずだ。そこで、兄弟姉妹の遺伝子型をACとしよう（あなたの遺伝子型はAAだ）。すると産まれた子は、あなたからAを受け継ぎ、配偶相手（あなたの兄弟姉妹）からはAかCを受け継ぐ。したがって、子の遺伝子は、それぞれ2分の1の確率でAAかACになる。

AAの場合は、子の遺伝子とあなたの遺伝子は100パーセント一致し、ACの場合は50パーセント一致する。つまり、平均的に考えれば、子の遺伝子の75パーセントがあなたの遺伝子と同じになる。

つまり、自分の遺伝子をたくさん残すた

めには、配偶相手に赤の他人より兄弟姉妹を選んだほうがよいことになる。しかも、この考えを後押しする別の条件もある。

ヒトの社会背景史を考えてみても理にかなっている⁉

現在でこそヒトは80億人を超える人口に膨れ上がっているけれど、かつては人口が少なかった。あまりに人口が少ないと、配偶相手がなかなか見つからずに苦労をすることになる。しかし、兄弟姉妹のような家族を配偶相手に選べば、一緒に暮らしていることも多いので、見つけるのに苦労することも少ない。とにかく、配偶相手が見つからなければ、子を一人も残すことができないのだ。たとえ兄弟姉妹でも、配偶相手がいて子を残せるだけで、ずっとよいと考えられる。

以上の考察から、赤の他人と結婚するよりは、血縁関係にある人と結婚したほうがよいと結論される。赤の他人よりは、いとこのほうがよいし、いとこよりは兄弟姉妹のほうがよい。自分と配偶者の血縁関係が近いほど、自分の遺伝子をたくさん残せることになるからだ。したがって、ヒトでは近親交配を好むような進化が起こるはずである。

さて、進化の法則を私たちヒトに当てはめた話というのは、これで終わりである。この話に論理的な間違いはない。事実関係（昔の人口は少なかったとか）も正しいだろう。では、結論も正しいのだろうか。

スペイン帝国の凋落

時は16世紀、ハプスブルグ家はスペインを支配下におき、その勢力を急速に拡大していた。このハプスブルグ家の出身であったカルロス2世がスペイン国王に即位したとき、スペイン帝国は世界最強の帝国だった。しかし、その黄金期は終わりに近づいていた。カルロス2世は4歳で王位についたが、いくつもの先天的な異常を持っていた。顎が大きすぎてうまく咀嚼(そしゃく)できず、いつも涎(よだれ)を垂らしていて、はっきりとしゃべることもできなかった。8歳になるまで歩くことができず、正規の教育を受けることも能力的に難しかった。つねに下痢と嘔吐に苦しめられ、30歳のころには、すでに老人のようだったらしい。

しかし、最大の問題は、カルロス2世に後継ぎをつくる能力がないことだった。これらの症状は魔術をかけられたせいだと当時は信じられていたので、カルロス2世は「呪われた人」とも呼ばれていた。カルロス2世の治世下でスペインの国力は衰えた。そして、1700年にカルロス2世が亡くなると、スペイン継承戦争が起こり、スペインは敗北した。そして、スペインに代わって、イギリスが世界最強の帝国へと歩みはじめたのである。

もちろん、スペインの凋落のような大きな歴史の流れを、1つの要因だけで説明することはできない。しかし、その最大の要因の一つが、ハプスブルグ家において繰り返された近親交配であったことは確かだろう。ハプスブルグ家では、いとこ同士の結婚は珍しくなく、叔父と姪が結婚することさえあった。

このような近親交配の果てに生まれたカルロス2世は、兄弟姉妹のあいだに生まれた子よりもさらに近親交配の度合いの強い遺伝的構成を持っていたと推測されている。そのため近親交配の悪い影響が、非常に強くカルロス2世に現れたのであろう。

でも、さきほどの、進化の法則を私たちヒトに当てはめた話によれば、近親交配ってよいことだったはずだ。でも、カルロス2世のことを考えれば、近親交配がよいこととは、とても思えない。進化の法則を私たちヒトに当てはめた話のどこがおかしかったのだろうか。

図4－13　スペイン王カルロス2世。特徴的な大きな顎が描かれている
(Juan Carreño de Miranda)

カルロス2世の場合

ところで、遺伝子の中には有害なものもある。そういう有害な遺伝子は、自然淘汰によってすぐに除かれてしまいそうだが、残念ながら必ずしもそうではない。

有害な遺伝子が、顕性の場合と潜性の場合に分けて考えてみよう（顕性と潜性については65－68ページを参照）。まず、有害な遺伝子が顕性対立遺伝子の場合は、有害な遺伝子は自然淘汰によってすぐに除かれてしまうだろう。有害な遺伝子を持つ個体には、有害な表現型がかならず現れるからだ。

しかし、有害な遺伝子が潜性対立遺伝子の場合は、そうはいかない。有害な遺伝子を持つ個体に、有害な表現型が現れるのは、遺伝子型がホモ接合体（aa）のときだけで、ヘテロ接合体（Aa）のときは有害な表現型は現れないからだ。とくに、有害な遺伝子の割合が少ないときは、有害な遺伝子同士が1つの個体に集まって、ホモ接合体になることは滅多にない。有害な遺伝子の大部分はヘテロ接合体の形で存在しているので、表現型に現れないため、自然淘汰によって除かれない。そのため、有害な遺伝子がある程度まで少なくなると、そこから先はなかなか数が減らなくなり、いつまでも存在し続けることになる。このため、有害な遺伝子は、潜性対立遺伝子の形で存在していることが多いのである。

さきほど述べたように、ハプスブルグ家では近親交配が多かった。近親交配が行われると、両親の遺伝子が似ているために、滅多にない有害な遺伝子を、父からも母からも受け継ぐ可能性が高くなる。

通常、有害な遺伝子は潜性なので、片方の親から受け継いでも表現型には現れない。しかし、両親から受け継ぐと、生まれた子は有害な遺伝子についてホモ接合体になり、有害な効果が表現型に現れてしまう。不幸にして、その典型的な例になってしまったのが、カルロス2世だったのだろう。

正しい説はたくさんある

ここでは、おもに2つの説を紹介した。一つは、「近親交配をすると、自分の遺伝子をより多く増やすことができる。だから、近親交配が増えるように進化するはずだ」という説で、もう一つは、「近親交配をすると、有害な遺伝子の効果が表現型に現れやすくなる。だから、近親交配が減るように進化するはずだ」という説だった。

この説は両方とも正しい。近親交配には良い面もあれば、悪い面もある。そのどちらが強く影響するかは、条件によって異なる。つまり、生物ごとに異なる。だから、近親交配を好む生物もいれば、近親交配を避ける生物もいるのである。

私たちは、進化の知見をヒトの行動に当てはめて、ヒトの行動を解釈することが好きである。そういう解釈を読んだり聞いたりすることは、よくある。しかし、ある行動に関係する進化の知見はたくさんあり、それらを総合的に捉えたうえで適切な解釈を導き出すことは（もちろん可能だとは思うけれど）なかなか難しい。

今回の例から考えても、不十分な知識から、私たちヒトに近親交配を勧める人が現れないともかぎらない。しかも、その根拠となる説（近親交配によって自分の遺伝子が増える）は正しいのだ。根拠となる説が正しいからといって、それを現実に適用することも正しいとは限らない。ある現象に関連する説はたくさんあることがふつうなので、その中の1つだけに注目して、他を無視すれば、正しい論理を使っておかしな結論に導くこともできる。正しい論理を使って、私たちに近親交配を勧めることだってできる。でも、やっぱりそれはおかしいだろう。

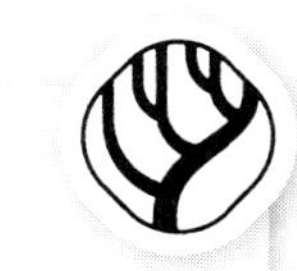

私たちは先祖のほとんどから DNAを受け継いでいない⁉

源氏の子孫

最近はあまり聞かなくなったが、私が子供のころは、源氏や平氏の子孫だという年配の人がときどきいた。「うちは源氏側だからね」みたいなことを言うわけだ。数百年のときを越えて源氏や平氏の血脈が受け継がれているなら、それはたしかに魅力的な話である。それから中学生ぐらいになって、すこしは遺伝の仕組みがわかってくると、そういう話がアホらしく思えてくる。かりに本当に源氏の子孫だったとしても、源氏の血脈はだんだんと薄まっていくから、もうその年配の人にはほとんど受け継がれていないだろう。昔になればなるほど、その血脈はすでに薄まっていると、私は考えたわけだ。

でも、よく考えてみると、そう単純な話ではなさそうだ。

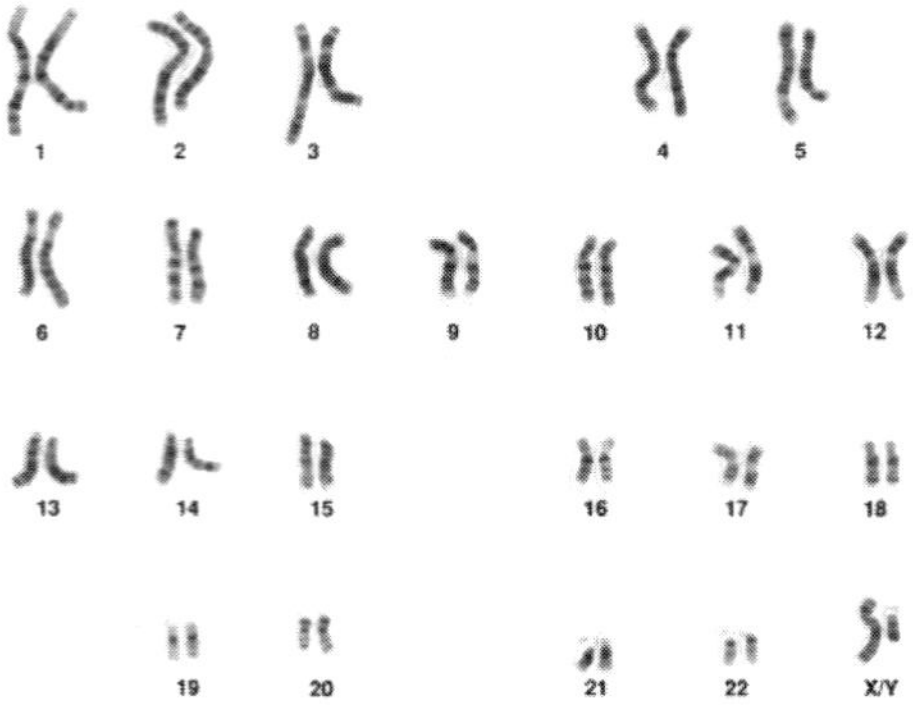

図4－14　ヒトの染色体（男性）。全体で46本ある
(National Human Genome Research Institute)

私たちのDNAはおよそ60億もの塩基対を含んでおり、すべてのDNAを1本につなげると約2メートルになる。しかし、実際には細胞の中で46本に分かれている。この46本は、タンパク質などと結合して染色体という構造を作っている（ミトコンドリアの中にもDNAがある。しかし、ミトコンドリアDNAの量は核DNAの20万分の1に過ぎないので、今は無視する）。

2つの染色体が並んで、その一部を交換することを組換えという。精子や卵を作るときに、この組換えが起きる。しかし、単純に考えるために、とりあえず組換えは起こらないとしよう。すると、あなたの46本のDNAは、組換えによって変化することはない。ずっと同じDNAのままである。そしてあなたは、母親と父親から23本ずつDNAを受け継いだのだ。

ところであなたの母親も、祖母と祖父から23本ずつ、合わせて46本のDNAを受け継いでいる。その46本の中から23本をあなたに受け渡した。その23本の中の何本が祖母から母親に来たものか、あるいは祖父から母親に来たものかは偶然による。祖母から10本で祖父から13本かもしれないし、祖母から12本で祖父から11本かもしれない。とにかく、あなたの46本のＤＮＡは、両親を越えて、４人の祖父母から11本ぐらいずつ受け継いだものになっている。

さらに考えを進めると、あなたの46本のＤＮＡは、８人の曽祖父母から６本ぐらいずつ受け継いだものであり、16人の高祖父母から３本ぐらいずつ受け継いだものであり、32人の高祖父母の親から１本ぐらいずつ受け継いだものであり、64人の高祖父母の祖父母から受け継いだり受け継がなかったりしたものだ。

このように、高祖父母の祖父母になると64人もいる。しかしＤＮＡは46本しかない。つまりあなたは、少なくとも64－46＝18人の高祖父母の祖父母からはＤＮＡを受け継ぐことができない。さらに、１２８人いる高祖父母の曽祖父母の少なくとも１２８－46＝82人からはＤＮＡを受け継ぐことができない。そして２５６人いる高祖父母の高祖父母の少なくとも２５６－46＝２１０人からは、ＤＮＡを受け継ぐことができないのだ。

ほとんどの先祖からＤＮＡは受け継がない

さきほどの計算は、染色体に組換えがないと仮定して計算したものだった。しかし組換えを考

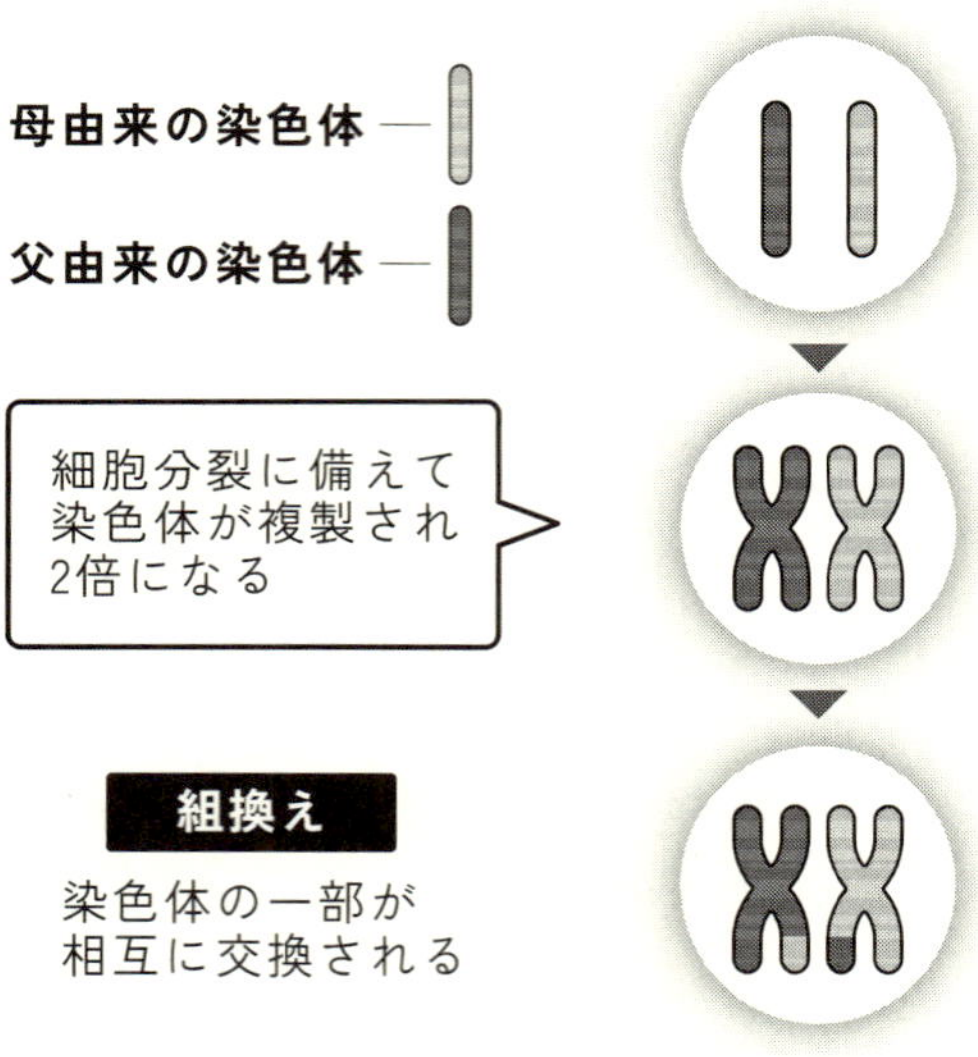

母由来の染色体
父由来の染色体
細胞分裂に備えて染色体が複製され2倍になる
組換え
染色体の一部が相互に交換される

図4－15　組換えの概略

慮にいれても、状況は本質的には変わらない。

女性が卵巣の中で卵を作るときには、平均して45回の組換えが起きる。男性が精巣の中で精子を作るときには、平均して26回の組換えが起きる。合わせると1世代のあいだに平均71回の組換えが起きることになる。

もちろん、組換えを起こして染色体の一部を交換したあと、染色体はまたつながる。だから、いくら組換えを起こしても、染色体は46本のままだ。しかし、1本の染色体が組換えを起こして（たとえ形のうえではつながっていても）2つのピースに分かれれば、それぞれのピースは別々の先祖から受け継がれたものとい

	人数	ピースの数 DNAを受け継げる人数
父母の世代（1代前）	2	117
祖父母の世代（2代前）	4	188
曽祖父母の世代（3代前）	8	259
高祖父母の世代（4代前）	16	330
8代前	256	614
9代前	512	685
10代前	1024	756
15代前	32768	1111
20代前	1048576	1466

表4－1　世代とDNAを受け継げる人数

うことになる。つまり1本の染色体の中に、母親から来たDNAと父親から来たDNAが混在するようになったのである。

さらに、そのピースが経験してきた歴史を考えると、そのピースの中には祖父母や曽祖父母や高祖父母のDNAも混在していることに気がつく。要するに、組換えが1回起きることは、染色体が1本増えたことに相当するのだ。

さて、少しややこしくなったので、具体的に考えよう。私たちは今46本の染色体を持っているので、最大46人の先祖からＤＮＡを受け継ぐことができる。しかし、父母の世代の卵と精子で71回の組換えが起きているので、私たちの染色体は46＋71＝１１７個のピースに分かれている。したがって、私たちは父母の世代の最大１１７人からＤＮＡを受け継ぐことができる。とはいえ、私たちの父母は合わせて２人なので、実際には１１７ピースのすべてを２人から受け継いでいる。母親から61ピース、父親から56ピースを受け継ぐとか、そんな感じだろう。

それでは、少し世代を遡ってみよう。１世代遡るごとに、ピースは71個ずつ増えていく。つまりＤＮＡを受け継ぐことのできるその世代の人数が、71人ずつ増えていくわけだ。

やっぱりピースの数のほうが全然多いので、私たちは先祖みんなからＤＮＡを受け継いでいる。だから、たとえば私たちの顔は父母に似ているし、父母ほどではないけれど祖父母に似ているし、祖父母ほどではないけれど曽祖父母に似ているのだ。当然の結果で、何の不思議もない。

世代をさらに遡ると

それでは、もう少し世代を遡ってみよう。

世代を遡っていくにつれて、様子が変わってくる。ピースの数は、１世代遡るごとに71が足されるだけなので、増え方は一定である。しかし人数のほうは、１世代遡るごとに２倍になるので急激に増えて、ついに10代前でピースの数を抜き去り、一気に差を広げていく。

20代前まで遡ると、先祖の数は100万人（！）を超えるのに、その中で私たちがDNAを受け継げる人数は最大で1500人足らずだ。つまり20代前のおじいさんやおばあさんの中で、私たちに少しでもDNAを伝えられる人は、約0・1パーセントしかいないのだ。

かりに1世代を25年と考えると、20代前というのは500年前になる。源氏や平氏の時代はそれよりさらに300年以上前なので、そんな時代の先祖が（もし本当に直系の先祖だとしても）あなたにほんのわずかでもDNAを伝えている確率はゼロに等しいのだ。

とはいえ、たとえDNAはまったく伝わっていなくても、系図がつながっていること自体に価値があると考えれば、源氏側とか平氏側とか言う意味はあるだろう。ただ、生物学的な連続性を期待するのは無理だということだ。

すべての人の共通祖先が現れる

さて、この話には続きがある。

もしも、今までの考えを源氏や平氏の時代まで遡らせると、先祖の人数はおよそ100億人になる。これは明らかに当時の日本の人口よりも多い。いくらなんでも、これはおかしい。これが何を意味しているかというと、日本にいた集団の中でDNAは交じり合っていたということだ。

だから、たとえ私たちが源氏の直系の子孫であっても、源氏の遺伝子を受け継いでいる可能性はほぼゼロだ。しかし、別の見方をすれば、直系の子孫だろうがそうでなかろうが、源氏の遺伝子を受け継いでいる確率は（ものすごく小さいけれど）ほとんど同じなのだ。つまり、先祖との血縁関係は、世代を遡るにつれて薄まっていくという単純なものではない。現在から世代を遡っていくにつれて、私たちにＤＮＡを伝えた先祖の割合は、急速に減少していく。血縁関係が薄まっていくのではない。ＤＮＡをまったく伝えていない先祖がほとんどになっていくのだ。

しかし、その時代を越えて、さらに過去へと遡っていくと、今度はすべての人の共通先祖が現れてくる。ＤＮＡのそれぞれの部分について、時間を十分に遡れば、ついには今の日本人全員が同じ一人の先祖の子孫になる時点に達する。その時点はＤＮＡの部分ごとに異なる。比較的最近のこともあれば、かなり古いこともあるだろう。

そこまで考えれば、私たちの祖先はみんな同じなのだ。

第5講義

さまざまな生命現象と進化論

全生物の「共通祖先」は「地球最初の生物」ではなかったかもしれない

「虎は死して皮を留め、人は死して名を残す」という言葉がある。これは、虎が死んだ後に美しい毛皮を残すように、人は死んだ後に名前を残すような生き方をすべきだ、ということらしい。

でも、私はあまりこの言葉が好きではない。だって、虎を皮にするなんて可哀想ではないか。それに、「人は死して名を残す」というけれど、名を残すためには後世の人に名前を覚えてもらわなければならない。だから、みんながみんな名を残したら、後世の人は大変だ。ものすごくたくさんの人の名前を、覚えなければならない。後世の人にそんな迷惑をかけたくない気もする。

それよりは「道を伝えて己を伝えず」のほうがよいかもしれない。これは立教大学の前身の創立者、チャニング・ムーア・ウィリアムズ（1829－1910）の墓碑に記された言葉である。ウィリアムズは老齢になって日本を去るときに、自分に関する記録や資料を焼却したというぐらいだから、「道を伝えて己を伝えず」という生き方を徹底して生きていたようだ。

生物の進化においても、記録がなくなることはよくある。たとえば、化石として残らなかった生物は、たくさんいる。記録がなくなった部分については、私たちは進化の歴史を知ることはできない。しかし、それらの生物は、名は残さずともたしかに地球で生きていた。そして地球の生物や環境に、何らかの影響を与えてきた。そのような影響の総合的な結果として、現在の生物がいる。しかし私たちは、そういう名も残さなかった生物のことを、つい忘れてしまう。でも今日は、そんな生物のことを、少しだけ思い出してみよう。

クラウングループとステムグループ

まず、言葉を４つ確認しておこう。「最終共通祖先」と「単系統群」と「クラウングループ」と「ステムグループ」だ。

ゾウの進化的関係は、簡略化すると図５－１のように表せる。最初はマストドンもアフリカゾウもマンモスもアジアゾウも、その祖先は同じ種だった。つまり、共通祖先Ｃがいたわけだ。それからマストドンに至る系統が分かれ、次にアフリカゾウに至る系統が分かれ、それからマンモスとアジアゾウに至る系統が分かれた。マンモスとアジアゾウの共通祖先はＡになる。

でも考えてみれば、ＢもＣも、マンモスとアジアゾウの共通祖先である。というか「Ａの祖

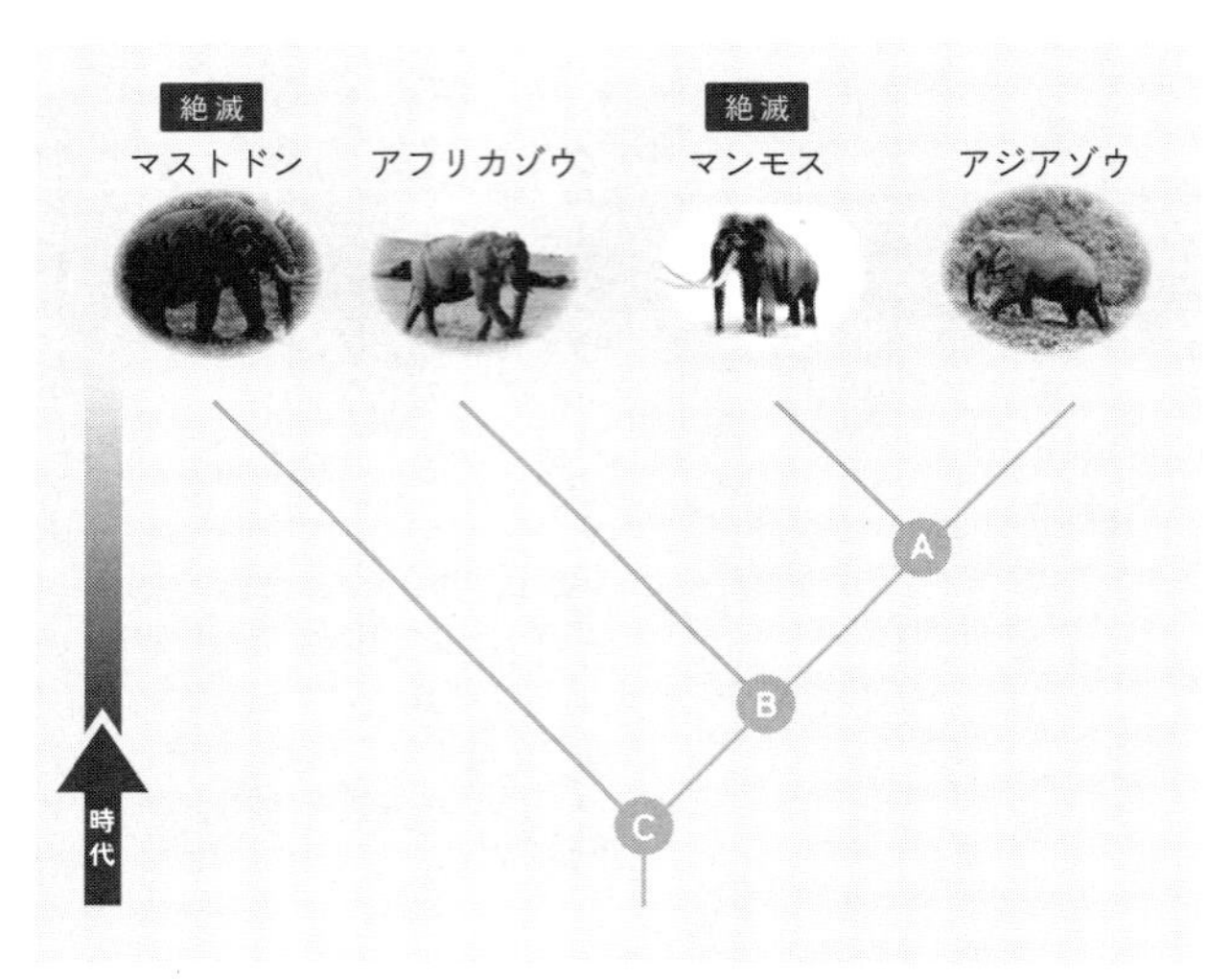

図5－1　ゾウの進化的関係

先」はすべてマンモスとアジアゾウの共通祖先になる。だからAは、たくさんいる共通祖先の中の最後の一種と言える。そこで、Aだけを指すときは「最終」をつけて、マンモスとアジアゾウの「**最終共通祖先**」という。

次の「**単系統群**」は、1つの祖先種とその子孫種すべてを含む集合である。図5－2には、3つの単系統群が含まれている。実線と破線と点線の三角で囲まれた部分だ。

3つ目の「**クラウングループ**」は、ある単系統群の中で「現生種すべての最終共通祖先」と「その最終共通祖先の子孫すべて」を含む集合だ。言葉で言うとややこしいが、図5－3で言えば、破線で囲まれた部分になる。

ゾウの仲間の単系統群（図5－2の実線の

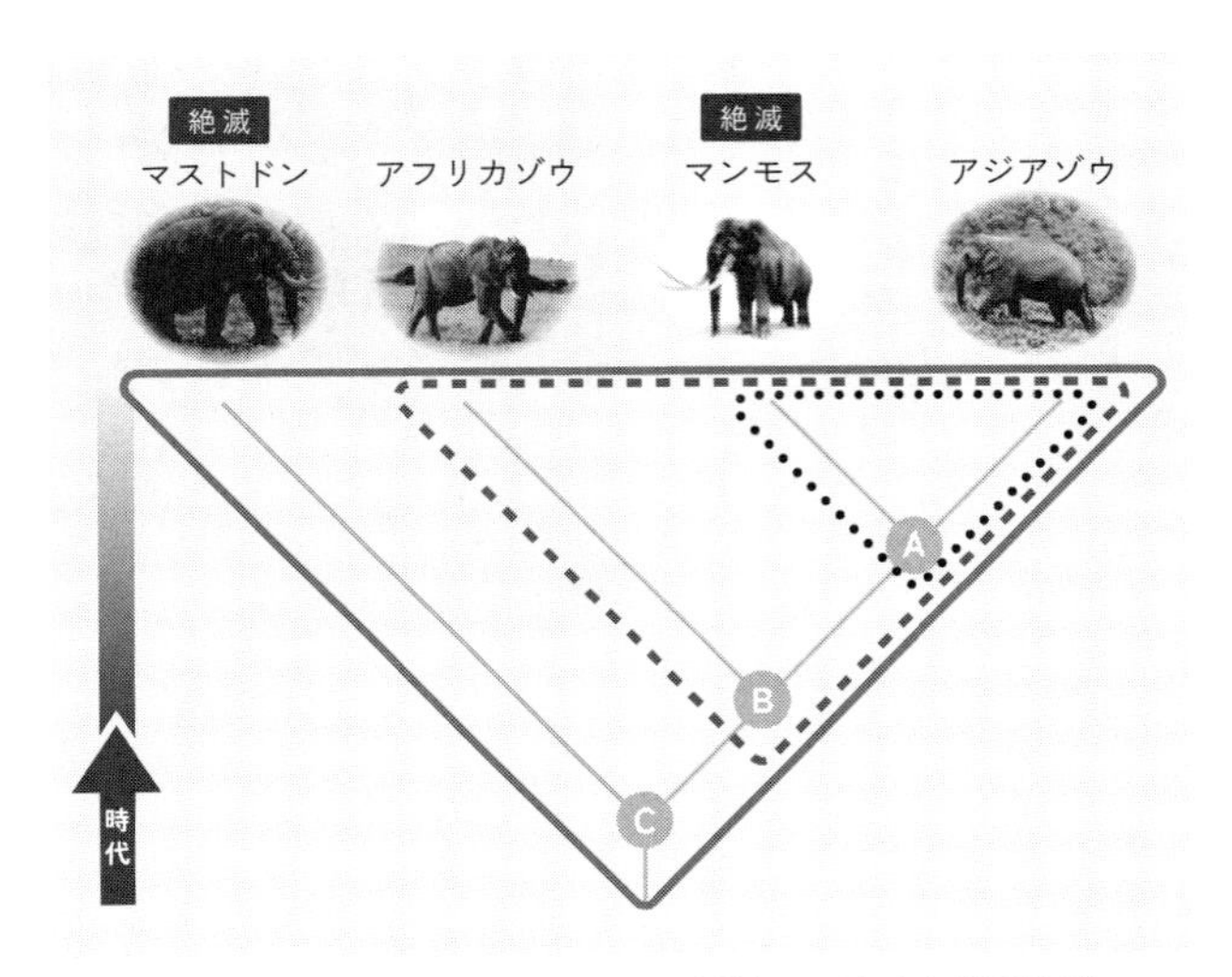

図５－２　1つの祖先種とその子孫種すべてを含む単系統群

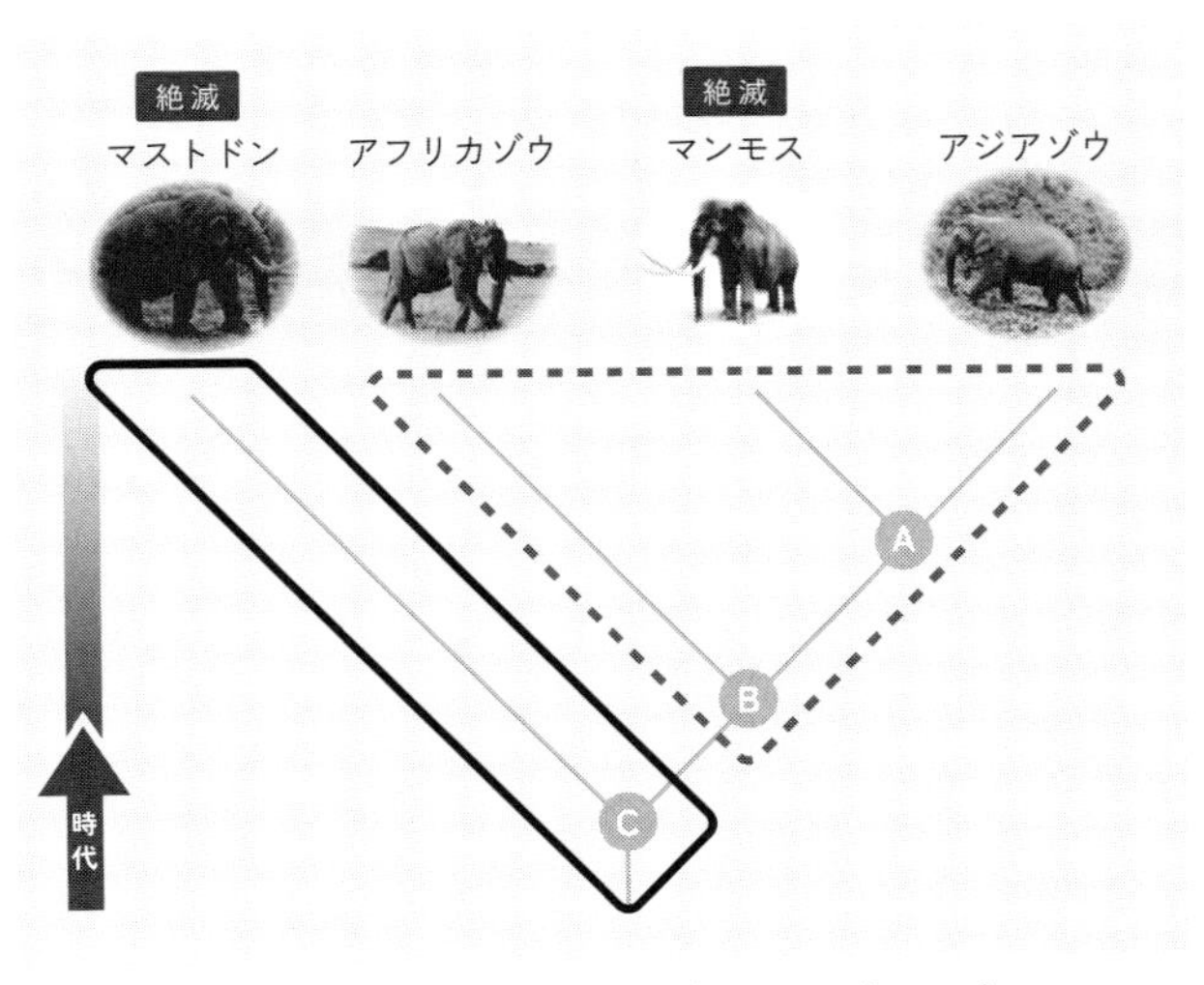

図５－３　クラウングループとステムグループ

三角形）の中で、現生種はアフリカゾウとアジアゾウだけなので、それらの最終共通祖先はBになる。そのBの子孫には絶滅種であるマンモスも含まれる。したがって、ゾウの仲間のクラウングループは、アフリカゾウとマンモスとアジアゾウとAとBの5種になる。

一方、ある単系統群の中で「現生種すべての最終共通祖先に至る前に分岐したすべての種」の集合を「**ステムグループ**」という。したがって、ゾウの仲間のステムグループは、図5－3の実線で囲まれた2種（マストドンとC）になる。ちなみに、当たり前だがステムグループは、かならず絶滅種だけで構成される。

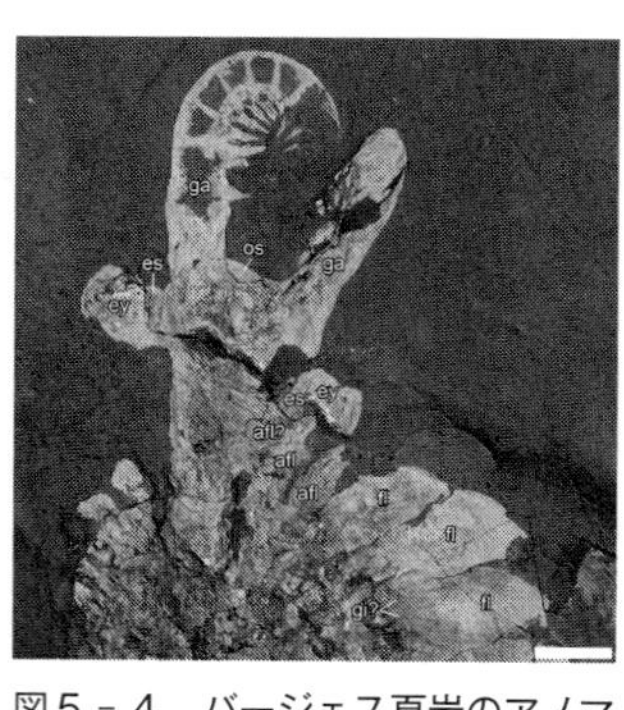

図5－4　バージェス頁岩のアノマロカリス・カナデンシスの化石
(Cédric Aria, Fangchen Zhao, Han Zeng, Jin Guo & Maoyan Zhua)

カンブリア紀（約5億3900万年前－約4億8500万年前）の代表的な捕食者として、アノマロカリスがいる。アノマロカリスはいくつかの特徴から、節足動物だと言われることがある。

しかし、アノマロカリスは、現生の節足動物を含むクラウングループの中には入らないようだ。少し脇道にそれたグループのようで、節足動物のステムグループである可能性が高い。アノマロカリスは節足動物だといわれることが多いが、それは節足動物のステムグループという意味である。

名を残さなかった生物

現在の地球のすべての生物は、ただ一つの祖先種から進化してきたと考えられている。この、すべての生物の最終共通祖先のことをＬＵＣＡ（ルカ）（Last Universal Common Ancestorの略。他にもいくつかの呼び方がある）という。ＬＵＣＡは地球のすべての現生種の最終共通祖先だから、クラウングループの共通祖先ということになる。

以前、テレビの科学番組を観ていたら、地球におけるすべての生物の最終共通祖先であるＬＵＣＡを、地球における最初の生物と説明していた。しかし、ＬＵＣＡは最初の生物というわけではない。

現在の地球の生物は、３つのグループに分けられる。**細菌**と**アーキア**と**真核生物**だ。アーキアは、細胞が小さくて核がない。その点では細菌と似ているが、系統的にはまったく異なる生物である。真核生物には私たちヒトも含まれる。真核生物の細胞（真核細胞）のＤＮＡは核膜に包まれており、いわゆる核という構造を作っている。

ＬＵＣＡは細菌とアーキアと真核生物の最終共通祖先のことで、クラウングループの中では最初の生物である（図５－５）。しかし、ステムグループまで含めれば、最初の生物ではない。おそ

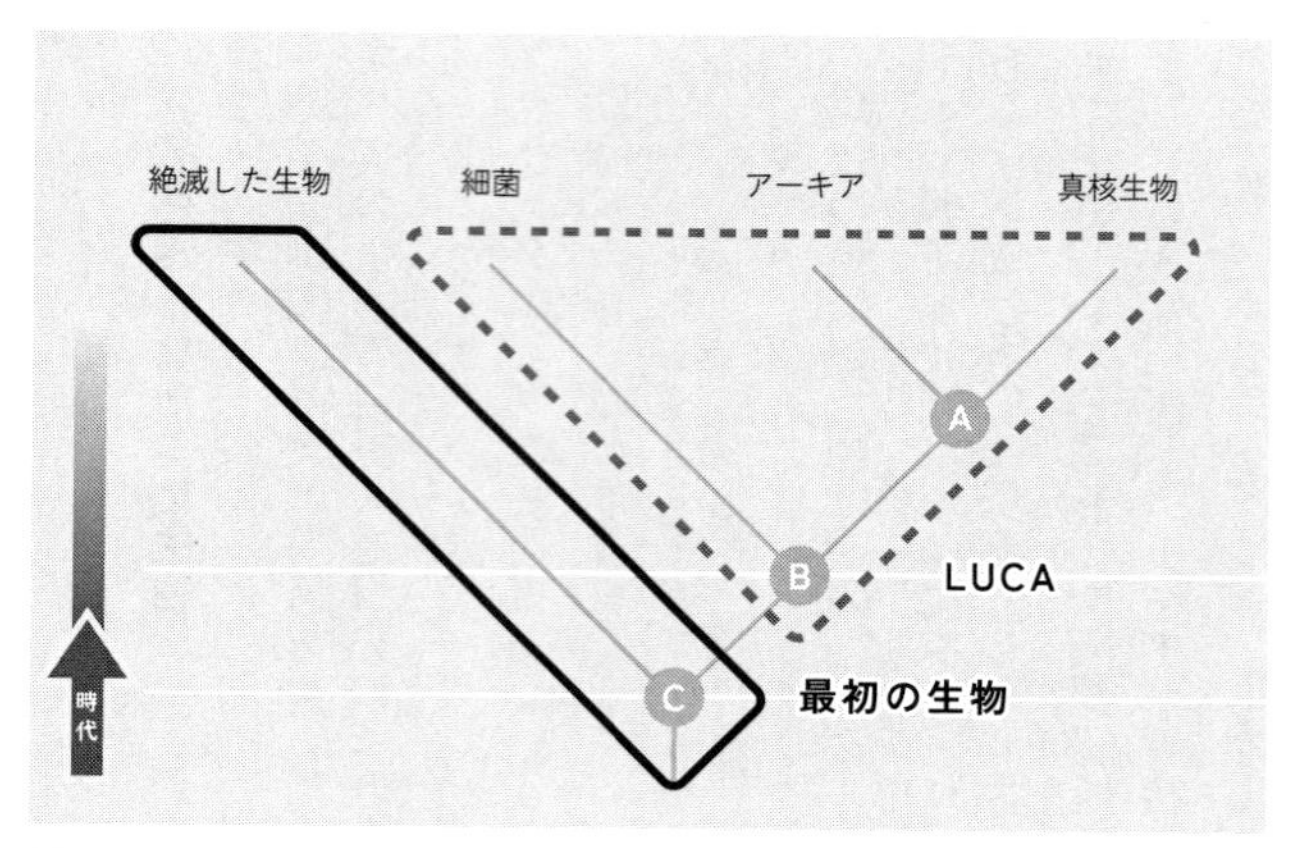

図5－5　LUCAの時代には他にもたくさんの細菌がいたに違いないが、LUCA以外の細菌は子孫を残すことなく絶滅してしまった

らくLUCAが生きていたのは、最初の生物が生まれてから何億年か後の時代であろう。当然、LUCAがいた時代にも、LUCAの他にたくさんの細菌がいたに違いない。しかし、LUCA以外の細菌は、子孫を残すことなく絶滅してしまった。現在まで子孫を残しているのは、LUCAだけなのだ。

地球にはおよそ38億年前から、かなり確実な生命の痕跡が残っている。しかし、この痕跡が、現在地球に生きているすべての生物のクラウングループなのか、それともステムグループなのかを知るすべは、今のところない。

ステムグループの生物は、名を残さずに消えてしまったのかもしれない。万一痕跡が残っていたとしても、自分がステムグループだと名乗ることはないだろう。でも名を残さなかったとしても、ステムグループはLUCAよりも古い時代から、地球で生きていたのである。また、別のテレビ番組では、「生命は地球で一度だけ生まれた」と説明していた。これについては、正しいか正しくないかわからない。わからないけれど、「生命は地球で一度だけ生まれた」と断言してはいけない。それだけは確実だ。

生命は地球で何回も生まれたかもしれない。地球には、起源が異なる生物群が、いくつも共存していたかもしれない。しかし、何百万年とか何千万年とかが経つうちには、いろいろな生物が絶滅するだろう。私たちとは起源が異なる生物も、そういう絶滅の犠牲にならなかった保証はない。いや、むしろ、何十億年もの長きにわたって、起源の異なる複数の生物群が共存し続けているほうが不自然だろう。

長い時間が経つうちには、起源の異なる系統が一つずつ消えていき、ついには唯一の起源に由来する系統だけが生き残る。そのほうが自然なはずだ。たしかに今のところ、私たちと起源の異なる生物が地球にいた証拠はない。でも、だからといって、いなかったと断言することはできない。

LUCAよりも古い時代から生きていたすべての現生生物のステムグループも、私たちと起源の異なる生物も、名を残さなかった生物かもしれない。でも、現在の私たちには知りえない生物がいた可能性は、頭の片隅に留めておいてもよいことだろう。

「種」に寿命は存在するのか。その出現と絶滅率

「種」にも寿命はあるのか？

何年か前に、ある大学の先生がこんな発言をしていた。

「現生人類であるホモ・サピエンスが誕生したのは、20万年～30万年前と言われていますが、いずれ種としての寿命が来て、絶滅するときがきます。いろいろな理由がありうるのですが、その一つは生殖能力です」

また、マイケル・クライトンの『ロスト・ワールド――ジュラシック・パーク2』(上)には、こんなくだりがある。

「概して、ひとつの種の平均寿命は四〇〇万年だ。哺乳類の場合は一〇〇万年。そこでその種は滅んでしまう。つまりひとつの種は、数百万年の範囲で勃興し、繁栄し、滅びるというわけだ

な」（酒井昭伸訳・早川書房）

これらに限らず、「種の寿命」という言葉をときどき聞くことがある。でも、「種の寿命」なんて、本当にあるのだろうか。たしかに私たち一人ひとりには、個体としての寿命がある。生きていればだんだんと老化して、いくら頑張っても100歳を超えた辺りで死んでしまう。このような寿命は、何らかの形で遺伝的にプログラムされていると考えられる。もちろん環境の影響も大きいだろうが、どんなによい環境であっても、150年とか200年とか生きることは難しいだろう。

それでは、種はどうだろう。種にも何かにプログラムされた寿命があるのだろうか。

オスがいなくなって絶滅する？

じつは、生殖能力の関係から種の寿命が決まると解釈されやすい説があって、前述の大学の先生の発言は、それを受けたものであろう。

哺乳類の性染色体の組み合わせは、オスがXYで、メスがXXである。つまり、Y染色体はオスにしかないのだが、このY染色体からは遺伝子が失われやすいことが知られている。

通常の染色体なら同じようなものが2本ずつある（片方は父親から、もう片方は母親から受け継ぐ）ので、片方の染色体が何らかの理由で欠損しても、もう一方の染色体を手本にして修正することができる。ところが、Y染色体は1本しかないので、欠損しても修復できない。そのため、遺伝子が失われやすいのだと考えられる。

およそ3億年前の哺乳類のY染色体には、約1500個の遺伝子があったと見積もられている。しかし、その大半は失われるか、機能しなくなっており、現在残っているのは約50個にすぎない。平均すると100万年で5個の遺伝子が失われたことになり、このペースでいくと、約1000万年後には、Y染色体の遺伝子がすべて失われてしまう。その結果、男性がいなくなって人類は絶滅すると、この研究は解釈されることもあった。しかし、Y染色体の遺伝子がすべて失われても、オスがいなくなるとは限らないのである。

奄美大島に棲むアマミトゲネズミの性染色体の組み合わせは、オスもメスもXOで、Y染色体は存在しない。しかし、ちゃんとオスが生まれて精子も作られる。その仕組みはまだよくわからないが、Y染色体の遺伝子がX染色体に移動したり、新しい遺伝子が失われた遺伝子の役割を担ったりしているらしい。生物には柔軟な可塑性があり、おそらくY染色体が消失しても、絶滅したりはしないだろう。

種の多様性

話は変わるが、種の存続する期間に関係する式としては、種の多様性を表す式がある。地球全体で種の多様性（ここでは種の数）の変化を考えるときは、以下の式で表すことができる。

D1＋出現種数－絶滅種数＝D2

D1は現在の種数で、D2は次の時代の種数である。ある地域に限って考える場合は、外からの移入や移出も考えなければならないけれど、地球全体で考える場合は移入や移出は考えなくてもよいので、式はシンプルな形になる。

数十億年にわたる地球の歴史において、新しい種は絶えず出現している。新しい種が生まれるメカニズムは種分化だ。たとえば、ある種に属する一部の個体が、地殻変動で大陸から離れた島に隔離され、独自の進化を経て新しい種になる場合などである。

「生命の誕生」は1回だけだったとは限らない

新種の出現のメカニズムは種分化だと言い切れる理由は、現在の地球のすべての生物が、同じ共通祖先から進化してきたからだ。すべての生物がほぼ共通の遺伝暗号（ＤＮＡの塩基配列をアミノ酸に対応させる規則のこと）を使っていることなど、いくつかの証拠から、すべての生物が同じ共通祖先から進化してきたことは間違いないと考えられている。

つまり、すでに存在する生物とは別に、まったく新たに誕生した生物はいないということだ。

ただし、これは現在の話で、初期の地球ではそういうこともあったかもしれない。現在の地球のすべての生物が、同じ共通祖先から進化してきたからといって、生命の誕生が1回だけだったとは限らないからだ。

初期の地球では、何回も生命が誕生したかもしれない。かつては、生物の系統が、独立にいくつも存在していたのかもしれない。しかし、もしそうだとしても、それらの系統は、過去のある時点で絶滅してしまった。結局、現在まで生き残った系統はたった一つ、つまり私たちだけだったというわけだ。ということで、ここでは、私たちの系統だけを考えよう。その場合、新しい種が生まれるメカニズムは種分化しかない、ということになる。

「種分化」以外の新種出現のシナリオ

もっとも、さらに正確に言えば、新種の誕生のメカニズムとしては、種分化の他に種の融合も考えられる。たとえば、ヒトとチンパンジーは約700万年前に分岐したけれど、その後もおよそ100万年にわたって交雑を繰り返したらしい。その間には、私たちとチンパンジーがふたたび同じ種に融合する可能性はあったに違いない。とはいえ、種分化が一瞬のうちに完了するケースは稀なので、こういうことはほとんどの種分化に、途中経過としてつきものだろう。

また、種の融合の例としては、シアノバクテリアが植物細胞（の祖先）の中に入って共生を始め、葉緑体になったケースなども考えられる。ただ、シアノバクテリアのある種の一部の個体が植物細胞と共生したからといって、そのシアノバクテリアの種が絶滅するわけではない。共生しなかったシアノバクテリアは、そのまま存続するだろう。したがって、種数の増減にはあまり関わらないと考えられる。

この辺りは深く考え始めるとさまざまなケースが想定されるけれど、種分化に比べれば、種数への影響は少ないと考えられる。そこで、新しい種が生まれるメカニズムとしては、種分化だけを考えることにして、話を先に進めよう。

出現率と絶滅率

種は種分化によって増えていくが、その一方で、種は絶滅して減っていく。種は永遠には続かないのだ。そこで、地球の歴史をいくつもの時代に（できれば等間隔に）区切って、それぞれの時代を観察することによって、種が出現する割合や絶滅する割合を推定できる。

図5-6は、A期、B期、C期という3つの時代における、仮想的な化石記録である。A期が始まった時点では5種が存在したが、その後A期が終わるまでの間に、新しく4種が**出現**（**白丸**）し3種が**絶滅**（**黒丸**）する。B期では、6種が出現し4種が**絶滅**する。C期では、2種が出現し5種が**絶滅**する。A、B、C期における平均出現率は4（種／期）で、平均絶滅率も4（種

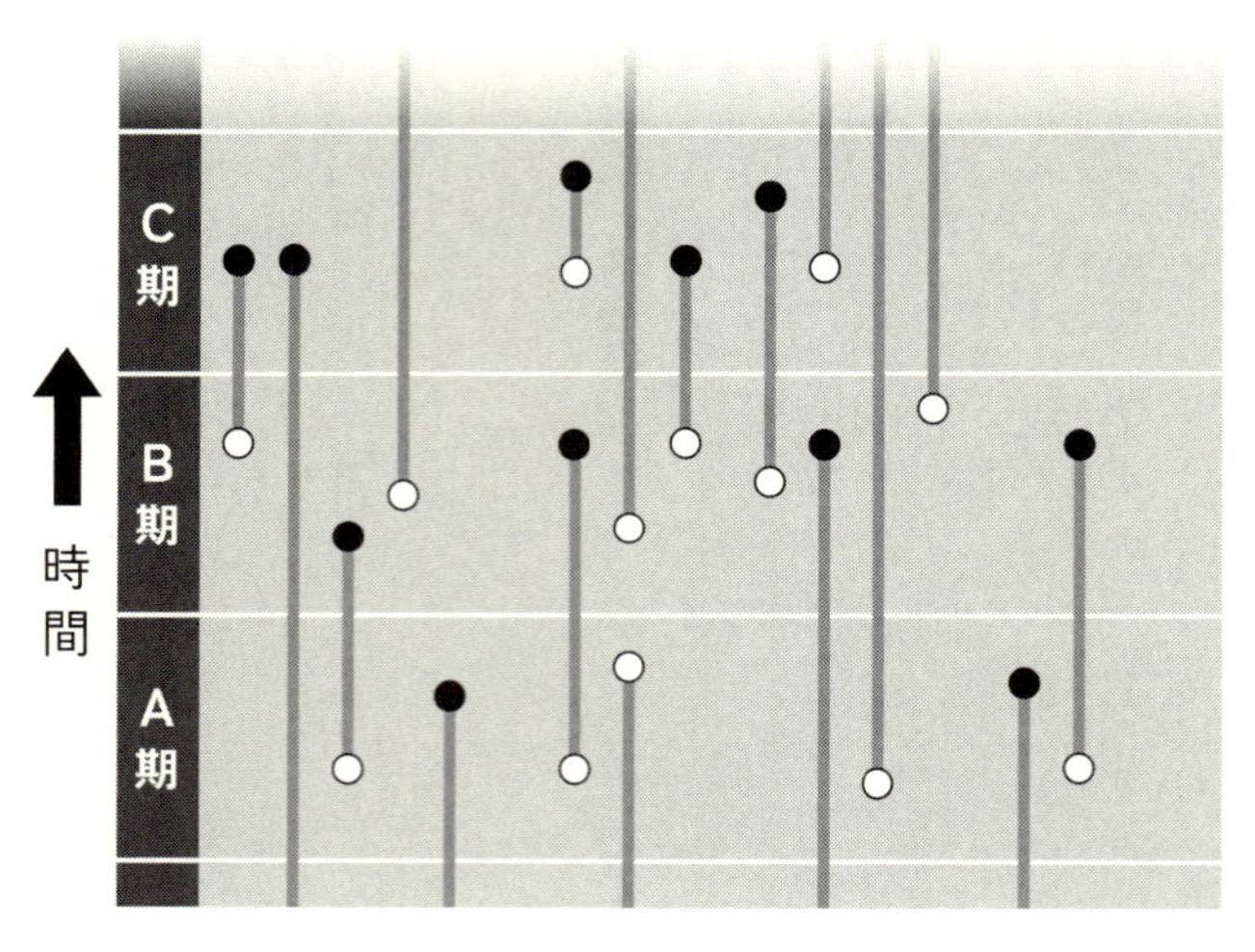

○ **種の出現**（ある種の最古の化石）

● **種の絶滅**（ある種のもっとも新しい化石）

図5－6　仮想的な化石記録に見る種の出現と絶滅

／期）となる。

また、出現数と絶滅数の合計を、ターンオーバーという。図5－6のそれぞれの時代のターンオーバーは、A期は7、B期は10、C期は7（種／期）である。このターンオーバーは、分類群によって違いがあることが知られている。

たとえば、三葉虫のターンオーバーはかなり高い。これは、平均的に考えて、三葉虫のそれぞれの種は、ごく短い期間しか存続しなかったことを意味する。一方、二枚貝や巻貝のターンオーバーは低いので、それぞれの種が比較的長

図５－７　三葉虫（レドリキア目パラドキシデス亜属、モロッコ・中期カンブリア紀）

く存続したことになる。

それでは、種の寿命について考えてみよう。分類群によってターンオーバーに違いがあるということは、種に寿命があるということだろうか。

「種の寿命」プログラムは発見できていない

「種の存続期間」のことを「種の寿命」というのであれば、ある程度は「種の寿命」は決まっているといえるかもしれない。しかし、一般的には、両者のニュアンスはかなり異なるのではないだろうか。

「種の存続期間」が長いというのは、単に、長期間にわたって形態や性質が変化しないで代々生き続ける、ということだ。そのためには長期間にわたって安定した環境に棲んでいることが必要だろう。環境が安定していれば、絶滅する危険も少ないし、自然淘汰は生物を変化させないように働くからだ。

しかし、「種の寿命」といった場合は、種が存続する期間が生物自身に何らかの形でプログラムされている、といったニュアンスがある。

たとえば、私たちヒトの「個体」の場合は、どんなに素晴らしい環境で暮らしていても、残念ながら150年は生きられない。それは、（DNAも含めて）私たち自身の体に、何らかの形でプログラムされているからだと考えられている。

だが、「種の寿命」に関しては、そういうプログラム的なものが見つかっていないだけでなく、想定することさえ難しいのである。たしかに「種の存続期間」については、分類群ごとに大ざっぱな傾向はあるようだ。しかし、それを「種の寿命」と呼ぶのは、やはり不適切だろう。

宇宙に生物がいるとしたら、どんな形か考えてみると

無重力における体の変化

私たちは、地球の重力によって、いつも地面に向かって引っ張られている。それは、今に始まったことではなく、約40億年前に生命が誕生したときから、ほとんど逃れることのできない条件だった。

しかし、現在のヒト（および実験用のマウスやメダカなど）は、宇宙船の中に長いあいだ滞在することもある。その場合、長期間にわたって重力から解放され、無重力状態で過ごすことになる。その結果、私たちの体にさまざまな変化が起きることがわかってきた。

たとえば、心臓は小さくなってしまうようだ。心臓は、体中に血液を送り届けるためのポンプとして働いている。頭から足元まで、ときには重力に逆らって、血液を送り届けなければならない。そのため、心臓はほとんど筋肉のかたまりで、強力な力を生み出す器官となっている。ところが、無重力状態になると、重力に逆らって血液を送り届けなくてよいので、それほど大きな力は必要ない。弱い力でも、十分体中に血液を送り届けることができる。そのため、筋肉の層が薄くなり、心臓自体も小さくなってしまうらしい。

また、骨の強度にも影響が現れる。骨の中には細胞があって、骨をいつも作り直している。そのため、いつも骨には、カルシウムが出たり入ったりしている。重力のある地上では、体重を支えるために骨に大きな力がかかっているので、骨は強度を保ったまま少しずつ作り直されている。ところが、無重力状態になると、骨にほとんど力がかからなくなるので、骨の強度がどんどん下がってしまう。骨からカルシウムが流れ出し、血液から尿を経由して体の外へ捨てられてしまうのだ。そのため、尿中のカルシウムが増えるので、宇宙飛行士は尿道結石になりやすいという。

また、無重力状態にしたマウスでは、数百個の遺伝子の発現（ＤＮＡからＲＮＡに転写したり、タンパク質に翻訳したりすること）が変化することが報告されている。さらに、ニワトリでは、無重力状態では卵が孵化（ふか）しないことも報告されている。

無重力状態でどんな生物が進化するか

これまでの話から考えれば、無重力状態で進化した生物は、心臓が小さく、骨がないか、あっても非常に細く、それ以外にもさまざまな変化が起きるだろうと予想される。

たとえば、私たち動物の体には、３つの方向がある。前後軸と左右軸と背腹軸だ。

動物では、口があるほうを前という。動物はエサを食べなければならないが、じっとしていては、なかなかエサのほうから口の中に飛び込んできてくれない。そこで、口のあるほうへ進んでいくことになる。そのため、前後ができたのだろう。これについては、無重力状態になっても、事情は変わらない。そのため、無重力になっても前後はなくならないだろう。

また、すばやく正確に動くためには、体が左右対称なほうがよい。まっすぐ進むにも左右に曲がるにも、微妙な調節ができるからだ。そのため、飛行機も船も自動車も左右対称な形をしている。ただし、左右対称なのは、体の外側だけでよい。私たちの体の中は、ほとんど左右対称にはなっていない。心臓も胃も腸も肝臓も膵臓も左右対称ではないし、肺は左右に一つずつあるけれど、構造がかなり異なっているので左右対称とはいえない。

さて、無重力状態になっても、左右対称になっているほうが動くためには便利だと考えられる。そのため、左右はなくならない可能性が高い。しかし、無重力状態で生物が進化すれば、背腹はなくなるだろう。もともと背腹というのは、重力に関連したものだからだ。重力のある世界で、下側を腹、上側を背というのである。そのため、無重力で進化した動物には、背腹はないはずだ。

つまり、無重力で進化した動物は、心臓が小さく、骨がほとんどなく、背と腹の区別がない形をしている可能性が高い。現在の地球の動物とは、ずいぶん違う生物ということになる。

『人類が進化する未来』

『人類が進化する未来』(PHP新書)という本が出版されている。これは有名な科学者8人にインタビューをして、人類の未来について語ってもらった本である。こういう企画モノは最近わりと多いのだが、私にとって、この本は類書よりも興味深かった。それは、宇宙に存在する生命体について2人の科学者が意見を述べているのだが、それぞれが正反対の結論に辿り着いているからだ。さきほどの、重力に関する話を頭の隅に置きながら、2人の主張を見てみよう。

コケルの主張

イギリスのエディンバラ大学の宇宙生物学者であるチャールズ・コケル(1967-)は、地球外に存在する生命体は、地球の生物に似ているだろうと言う。

生物の形や行動の多くは、物理法則に強く影響される。たとえば、ある程度大きくて、水中を速く泳ぐ動物の体は、紡錘形(ぼうすいけい)に進化する。だから、哺乳類のイルカも、爬虫類の魚竜も、魚類のサメも、紡錘形の体をしている。このように、系統的に離れた生物が似たような特徴を進化させることを収斂（しゅうれん）というが、収斂の多くは物理法則による結果といえる。

　もしも別の惑星に鳥がいたら、地球の鳥とは翼の大きさが異なるかもしれない。しかし、その大きさは、惑星の重力などがわかれば計算によって導きだせるはずで、根本的な違いではない。宇宙のどんな生命体にも、根本的には物理法則に支配された共通性が存在する、というのがコケルの主張である。

ロソスの主張

　一方、アメリカのセントルイス・ワシントン大学の進化生物学者であるジョナサン・Ｂ・ロソス（１９６１－）は、地球外に存在する生命体は、地球の生物に似ていないだろうと言う。地球に似た惑星の生命体は地球の生物に似ているだろう、という主張のおもな根拠は収斂が存在することだ。たしかに収斂という現象が存在することは事実なので、他の惑星の生命体も、少しは地球の生物に似ているかもしれない。しかし、地球の生物には、収斂とは反対の現象も存在する。たった1回しか進化しなかった特徴もたくさんあるのだ。

　たとえば、アヒルのような嘴（くちばし）を持った、カモノハシという哺乳類がいる。18世紀末に、初めてカモノハシの毛皮が、ヨーロッパに持ち込まれたときには、鳥の嘴と哺乳類の毛皮を合成したニセモノではないかと疑う人もいたらしい。

図5－8　水中で泳ぐカモノハシ
(Rainbow606)

このカモノハシは形も変わっているが、獲物を感知する方法も変わっている。水中を眼を閉じて泳ぎながら、嘴についている電気受容体で、獲物を感知するのだ。カモノハシは、この電気受容体を使って、近くを泳ぐ魚が引き起こすわずかな放電を感知して、魚を捕らえるのである。

カモノハシが棲んでいるのはオーストラリアの冷たい小川だが、似たような環境は世界中にたくさんある。しかし、カモノハシのような生物は、オーストラリアにしかいない。カモノハシの形や行動が、ありふれた冷たい小川に適応するように進化したことは間違いないのに、どうしてカモノハシは独特なのだろうか。

それは、自然淘汰による解決法が複数あるからだ。進化の道筋は一つではないのである。

たしかに収斂現象は存在する。しかし、それに対して、独自の進化を遂げた生物だってたくさんいる。ゾウのように鼻を使ってものを掴む生物なんて、他にはいないし、そもそも私たち人類の仲間が進化するまでは、地球の生命の歴史40億年のあいだ、直立二足歩行をする生物も現れなかったのだ。

おそらく進化は、それほど拘束されたものではないのだろう。同じ地球の上でも、独特な進化はたくさん起きている。ましてや、他の惑星となれば、そこの生命体はまったく異なる進化の道筋を辿るのではないだろうか。たとえ、その惑星が全体的には地球に似ていたとしても、いろいろな点で地球とは少しずつ異なるはずだ。そうであれば、地球の鳥とその惑星の鳥は、まったく異なる生物になるだろう、というのがロソスの主張である。

ゴジラのような巨大生物がいるかも

さて、地球外に存在する生命体は、地球の生物に似ているだろうというコケルの主張は、進化における環境の力を、少し軽視しているのではないかと私は思う。

もしも、他の惑星に鳥がいたとして、その惑星の重力が弱かったならば、地球の鳥より翼が小さいだけでは済まないだろう。心臓も骨も退化すれば、羽ばたいて飛ぶことはできない。でも、考えてみれば、そもそも羽ばたく必要なんてないかもしれない。重力が弱いのだから、グライダーのように滑空するだけでも、十分遠くまで飛べる可能性が高い。そうであれば、重力が弱くなることによって変化するのは、翼の大きさのように些細なことではなく、飛行の消失といった運動様式の根本的な変化かもしれない。

あるいは、重力が弱くなっても頑丈な骨を持ち続けているとすれば、生物は体をものすごく大きくすることができるはずだ。

地球に棲んでいるゾウのように大きい動物は、重い体重を支えるために、脚を太くしなければならない。しかし、無限に脚を太くすることはできないので、おのずから体の大きさには限界がある。また、頭の位置が高くなればなるほど、血液を高いところまで上げなければならないので、心臓も強くしなければならない。そのため、こちらも体を大きくするためにはブレーキになる。

しかし、重力が弱ければ、脚がそれほど太くなくても重い体を支えられるし、心臓がそれほど強くなくても高いところまで血液を上げられる。そのため、高さが50メートルとか100メートルとかあるゴジラぐらいの動物だって、進化できるかもしれない。そういうゴジラのような生物が棲んでいる惑星は、地球とはまったく異なる別世界であろう。

私は地球外の生物は、地球の生物とは大きく異なる生命体だと思う。重力が変わるだけでも生物は根本的に変化すると思うし、物理法則は重力の他にもたくさんある。それらがみんな（たとえ少しずつでも）地球と異なれば、それらの効果は計り知れないものとなろう。そのうえロソスの主張するように、進化の道筋がいくつもあるならば、地球外の生物が、地球の生物と似たものに進化する可能性は、ほとんどないのではないだろうか。

まあ、実際に地球外生命が見つからないことには、決着はつかないのだけれど。

生命40億年の進化をやり直しても人類は誕生するか

グールドの講義

アメリカの有名な古生物学者、スティーヴン・ジェイ・グールド（１９４１－２００２）は、大学の講義を教室の一番前で聴くような、熱心な学生だった。その後、大学の教員になると、大げさな手振りを交えて熱弁を振るう、熱い先生になった。学生時代にグールドの講義を聴講した生物学者、ジョナサン・Ｂ・ロソスは、内容も魅力的で素晴らしかったと言っている。

ただし、かつてグールドの講義助手を務めた古生物学者、ニール・シュービンによれば、（当然のことだが）その情熱をすべての学生が受け止めたわけではないらしい。教室の前のほうで熱心に聴く学生もいたけれど、後ろのほうで眠りこける学生もいたようだ。もっとも、グールドの講義は人気があって、学生が６００人ぐらいいたらしいので、それも仕方がないだろう。大教室で講義をすれば、かならず何人かの学生は眠るものである。

さて、グールドはある講義で、「もしも白亜紀末に小惑星が地球に衝突しなかったら？」という質問を学生たちに投げかけた。小惑星が地球に衝突しなかったら、多くの恐竜が絶滅することなく生き残り、哺乳類が繁栄することはなかったかもしれない。ということは、現在、私たちヒトは存在していなかったかもしれない。グールドは、そんな可能性を指摘したのだ。

図5－9
スティーヴン・ジェイ・グールド
(Wally McNamee)

『ワンダフル・ライフ』

また、グールドは、著書『ワンダフル・ライフ』の中で、カンブリア紀（約5億3900万年前－約4億8500万年前）に生きていたピカイアという脊索動物について述べている。

グールドが『ワンダフル・ライフ』を書いたころは、ピカイアが私たちの遠い祖先だったかもしれないと考えられていたからだ（その後、ピカイアよりも古い脊椎動物の化石が発見されたことにより、ピカイアが私たちの祖先である可能性は、ほぼなくなった。しかし、それは、本稿で

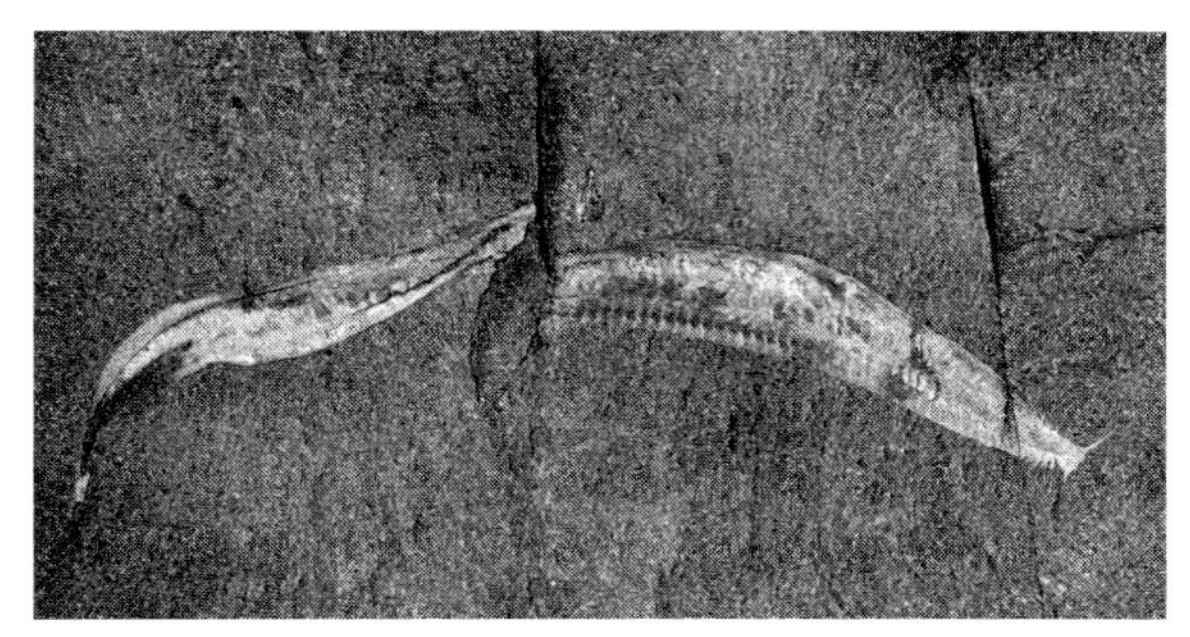

図5－10　バージェス頁岩のピカイア・グラシレンスの化石（Chip Clark／スミソニアン国立自然史博物館）

述べるグールドの議論の本筋に影響することはない。ちなみに、脊椎動物は脊索動物のなかの一グループである）。

ピカイアは長さが5センチメートルほどの小さな動物だ。カンブリア紀の動物の中ではとくに目立った存在ではないし、化石もそれほど見つからないので、個体数もあまり多くはなかったと考えられる。もしも、このピカイアが私たちの祖先なら、どういうことが言えるだろうか。

カンブリア紀にはさまざまな形をしたユニークな動物がたくさんいた。しかし、そのほとんどは子孫を残すことなく絶滅してしまった。ピカイアだって絶滅しておかしくなかった。だが、ピカイアは生き残った。その結果として、現在の地球に私たちが存在しているのである。

しかし、ピカイアが生き残ったのは、たんなる偶然かもしれない。もう一回、生命の歴史というテープをリプレイしたら、ピカイアは子孫を残すことなく、絶滅したかもしれない。その場合、現在の地球には、私たちヒトは存在しないことになる。グールドはそう述べたのである。

このようにグールドは、生命の進化における偶然性を強調した。たまたま起きた出来事によって、進化の道筋は大きく変わってしまうと考えたわけだ。進化は予測不可能で、生命の歴史のテープを何回かリプレイすれば、そのたびに異なる世界に辿り着くだろうというのである。

進化における収斂

もちろん、グールドに反対する人もいる。その代表がイギリスの古生物学者、サイモン・コンウェイ＝モリス（1951－）だ。

イルカは哺乳類である。サメは魚類である。中生代（約2億5200万年前－約6600万年前）に生きていた魚竜は爬虫類である。これらの動物は、系統的にはまったく異なるにもかかわらず、別々に同じような紡錘形の体に進化した。このような現象を収斂という。

イルカやサメや魚竜が紡錘形の体を進化させたのは偶然ではない。体の大きい動物が水中を素早く泳ぐためには、紡錘形の体が適しているのだろう。このような物理法則に生物が従わなければならないなら、どのような形に進化するかは決まってくるはずだ。

収斂は珍しいものではない。それどころか、じつはありふれた現象である。コウモリは自ら超音波を出して、完全な暗黒下でも蛾などを捕まえることができる。この素晴らしい能力は反響定

図５－11　左・モルミルス科のエレファントノーズフィッシュ（学名 *Gnathonemus petersii*）、右・ギュムノートゥス科のデンキウナギ（学名：*Electrophorus electricus*, Steven G. Johnson）

位と呼ばれるが、イルカでもこの能力が独立に進化している。また、モルミルス科の魚は、電気を使って周囲を見たり仲間とコミュニケーションを取ったりする。この素晴らしい能力も、ギュムノートゥス科の魚で独立に進化している。

このような超音波や電気を使う複雑な能力でも、収斂が起きているのだから、もっとシンプルな特徴なら、収斂が起きて当然である。事実、生物の特徴のなかで、他の生物とまったく収斂していないものなど、ほとんどないだろう。どんなにユニークに思える特徴であっても、たいてい他の生物でも進化しているものだ。

収斂は自然が行った進化実験

ところで、この収斂という現象は、自然が行った進化の実験といえる。違う場所で別々に進化することは、生命の歴史をリプレイすることと、本質的には同じだからだ。つまり、「収斂がしょっちゅう起きている」という事実は、「生命の歴史をリプレイしても同じような結果になる」ということを、示していると考えら

図5－12　ガーマン・アノール（*Anolis garmani*）（Quelle：Wilfried Berns/www.Tiermotive.de）

れる。

おそらく、生物が取り得るデザインには限りがある。だから、生命の歴史のテープを何回リプレイしても、辿り着く世界はいつも似たようなものになる。そういう意味では、進化は予測可能である。それが、コンウェイ＝モリスの考えだ。

さきほど述べた生物学者、ジョナサン・B・ロソスは、ジャマイカ島でアノールというトカゲを研究した。ジャマイカには数種のアノールが生息しているが、棲んでいる場所によって特徴が異なる。

たとえば、地上によくいる種は、指先のパッドの接着力が弱いが、肢が長くて走るのが速い。一方、樹上によくいる種は、肢は短いが、指先のパッドの接着力が強く、木から滅多に落ちない。同じような特徴は、プエルトリコやキューバ、そしてドミニカ共和国のあるイスパニョーラ島に生息するアノールでも確認された。それぞれの島には、よく似た種が同じような組み合わせで生息していたのである。

DNAの解析などから、これらの4つのそれぞれの島内に棲むアノール同士は、他の島に棲むアノール同士より近縁であると推測された。そこで、以下のようなシナリオを描くことができる。

かつてアノールは、それぞれの島へ別々に流れついた。その子孫たちは、それぞれの新天地に適応しながら、進化していった。その結果、ほとんど同じ姿をしたアノールたちを生み出した、つまり同じような世界に辿り着いたのである。

さらにいえば、これらの島々の環境は、ある程度は似ているかもしれないが、まったく同じというわけではない。多少は異なる環境でも、同じ世界に辿り着くのであれば、多少は偶然の出来事が起きても、やはり同じ世界に辿り着く可能性が高いのではないだろうか。ところがロソスは、かならずしもそうは考えていないようだ。ロソスの意見は両者の中間か、あるいはややグールドよりである印象を受ける。

グールドの主張にも一理ある

じつは、進化の実験のなかには、アノールの場合とは異なる結果になったものもある。たとえば、ショウジョウバエの実験のなかには、まったく同じ環境であっても、それぞれの集団が別々の方向に進化していくことを示したものもある。これは、自然淘汰とは別の進化のメカニズムである遺伝的浮動が働いた結果と解釈されている。

私たちヒトの場合で考えると、父親も母親も、自分が持っている遺伝子の半分を子に伝える。

たとえば、父親が一組の対立遺伝子を持っている場合、その片方だけが子に伝わる。そのとき、どちらの対立遺伝子が子に伝わるかは偶然による。これは母親の場合も同じである。

この、どちらの対立遺伝子が子に伝わるかという偶然の効果によって、遺伝子頻度が変化することを、遺伝的浮動という。このメカニズムが働けば、進化の行き着く先は、自然淘汰によるものとは異なることもあるわけだ。それに加えて、よく考えてみると、収斂がしょっちゅうあるからといって、進化が同じ世界に辿り着くとはかぎらないのではないだろうか。

たしかに大きなスケールで考えれば、いつかどこかで収斂が起きるかもしれない。しかし、いつ、どこで、収斂が起きるかも大切なはずだ。たとえば、もしかしたら私たちの背中に昆虫のような翅が生えて、皮膚には植物のような葉緑体があって光合成ができるようになる進化の道筋もあったのかもしれない。その場合、私たちは日光を浴びるだけでお腹がいっぱいになるので、べつに働く必要はない。晴れた日に野原を自由に飛び回りながら、楽しく遊んでいるだけでいいのである。

虫や植物への収斂によってこういう人間が進化した場合でも、進化はいつも同じ世界に辿り着くといえるのだろうか。こういう世界は今の世界とはまったく異なる世界である、と言ったほうが適切ではないのだろうか。

地球に生物が棲めるのは、おそらくあと10億年ほどである。そのころには、今より太陽が明るくなり、放出するエネルギーも増えて、地球は干からびた灼熱の惑星になっている可能性があるからだ。ということは、生命が誕生したのは約40億年前だから、地球に生物が棲めるのは全部で50億年ぐらいということになる。

私たちヒトは、地球に生物が棲める約50億年間のおよそ8割が経過した時点で、やっと進化した。私たちのような知的生命体が進化するのに、40億年もかかったのだ。万が一、私たちが戦争か何かで絶滅したら、残りの10億年でもう一回進化するのは難しいかもしれない。

さらにいえば、もしも私たちが絶滅したあとで、別の知的生命体が進化したとしても、それは私たちとはまったく異なるものになるのではないだろうか。イルカから進化するか、カラスから進化するか、タコやイカから進化するかわからないけれど、それらが作った文明は、もはや完全な別世界だろう。

生命の歴史のテープをリプレイしたらどうなるか。その場合の進化が行き着く世界には、グールドの言うことが当たっているところも、コンウェイ＝モリスの言うことが当たっているところもある、そんな世界ではないだろうか。昨今はずいぶんグールドの旗色が悪いけれども、かつてグールドが言ったように、進化には予測できない面が存在することは確かだと考えられる。

生物と無生物の境目とは。そこから見える不都合な未来

哺乳類とは何か。それを知るためには、当たり前だが、哺乳類を調べなくてはならない。そこで、哺乳類であるゾウを調べたとしよう。その結果、いろいろな意見が出た。そのなかには、鼻が長いことが哺乳類の特徴であるという意見もあったし、母乳で子供を育てることが哺乳類の特徴であるという意見もあった。もちろん、鼻が長いことは、哺乳類の特徴とはいえない。しかしそれは、ゾウだけを調べていても、わからない。ゾウには、たくさんの特徴がある。そのなかで、他の哺乳類と共通しているのは、どれか。それを知るためには、他のさまざまな哺乳類も調べなければならないのだ。

生物についても、同じことがいえる。生物とは何か。それを知るためには、さまざまな生物を調べなくてはならない。

しかし私たちは、現在の地球の生物しか知らない。現在の地球のすべての生物は、ただ一種の共通祖先から進化してきたと考えられているので、いろいろな特徴を共有している。たとえば現在のすべての地球の生物は、遺伝物質としてＤＮＡを使っているし、細胞膜としてリン脂質を使っているのである。

でも、これらの特徴が、生物に共通の特徴かどうかはわからない。昔の地球には、ＤＮＡやリン脂質を使っていない生物だって、いたかもしれない。でも、そういう生物は絶滅して、現在のような生物だけが残ったのかもしれない。さらに、宇宙にまで目を向ければ、私たちが想像できないような、いろいろなタイプの生物がいてもおかしくないだろう。

いろいろな生物の特徴

地球の生物の特徴としては、

１：膜で囲まれていること
２：代謝（物質やエネルギーの流れ）をすること
３：自分の複製を作ること

の３つがよく挙げられる。これらの特徴は、地球の生物から考えられたものだ。でも、たとえば、以下の作り話のような生物を考えることはできないだろうか。

1.膜で囲まれていること

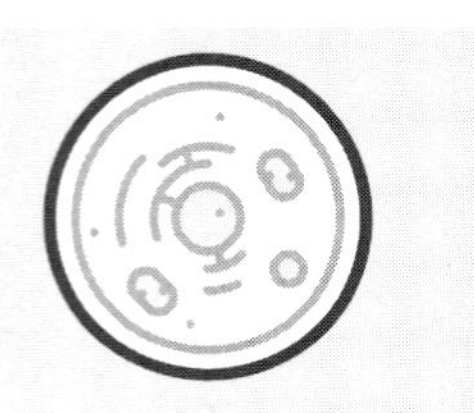

2.代謝をすること

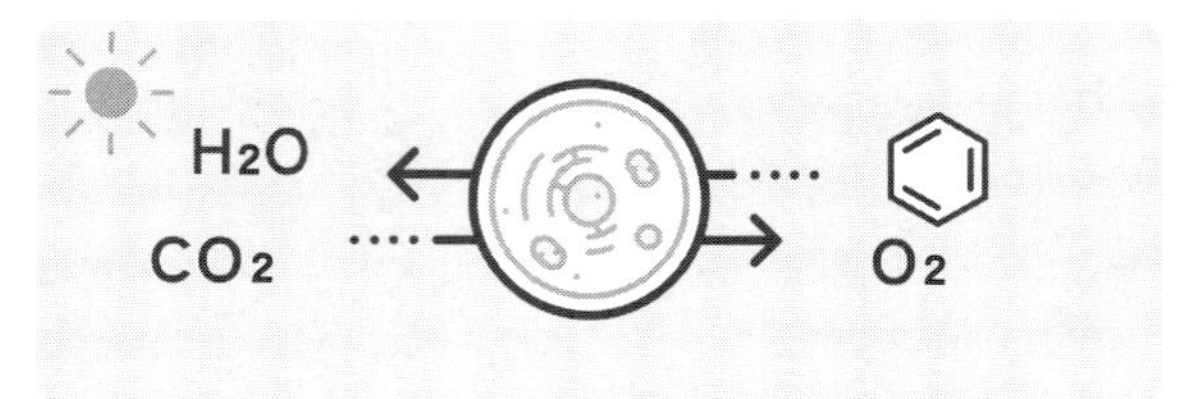

3.自分の複製を作ること

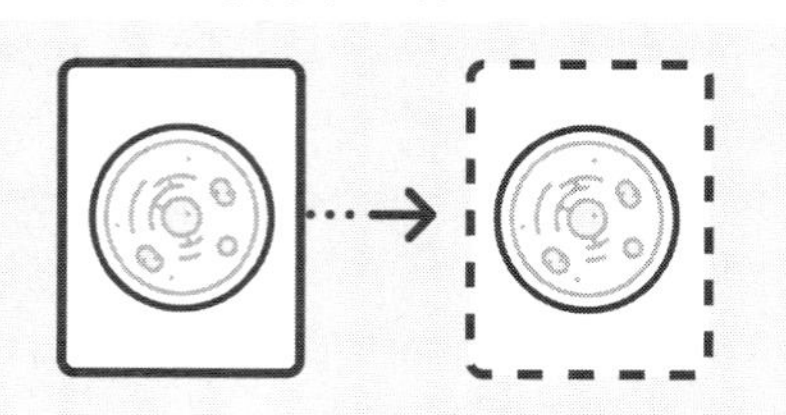

図5－13　生物の3つの特徴

ある惑星に、金属でできたロボットがいた。ロボットの頭には集光パネルがあり、太陽光をエネルギー源にして動くことができる。この惑星系の太陽はとても明るく、集光パネルだけで、十分なエネルギーが得られるのである。さらに、この惑星のロボットは、自分とほぼ同じロボットを2体作ることができる。基本的には同じロボットを作るのだが、誤差やミスもあるので、完全に同じコピーを作るのは無理だ。そのため、ロボットの数が増えていくにつれて、さまざまなタイプのロボットが現れてきた。

頭から金属棒を長く伸ばして、集光パネルを高くするロボットも現れた。さらに、集光パネルを大きくするロボットも現れた。ロボットのエネルギー源は太陽光なので、集光パネルが高くて大きいほうが、ロボットはエネルギーをたくさん手に入れることができるからだ。そのうちに、集光パネルが低くて小さいロボットは、必要最低限の太陽光を手に入れることもできずに、エネルギー切れになって地面に転がったまま、動かなくなってしまった。その結果、集光パネルが高くて大きいロボットが増えていった。

ところで、この惑星系の太陽は、明るさが変化することがあった。太陽がとても明るくなると、集光パネルが高くて大きいロボットは、太陽光を浴びすぎてオーバーヒートになり、壊れてしまった。一方、集光パネルが低くて小さいロボットは、太陽が明るくなってもオーバーヒートにならずに、元気に動き回ることができた。そのため太陽が明るくなると、集光パネルが低くて小さいロボットが増えていった。

こうしてロボットたちは、環境が変わっても絶滅することなく、長期間にわたってその惑星で活動し続けていた。

自然淘汰が働くものと働かないもの

さて、上記のロボットは、地球の生物の特徴を持っているだろうか。ロボットの体の表面の金属には、べつにすき間ぐらいあってもよいだろう。だから、1の「膜で囲まれていること」は当てはまらない。

2の「代謝をすること」はどうだろう。もしロボットが太陽光のエネルギーを電気エネルギーに変えて動くとすると、物質の流れはあまりなさそうだ。それでも、さすがにエネルギーの流れはあるだろう。しかし、この程度では代謝と呼ばないのではないだろうか。自動車は代謝

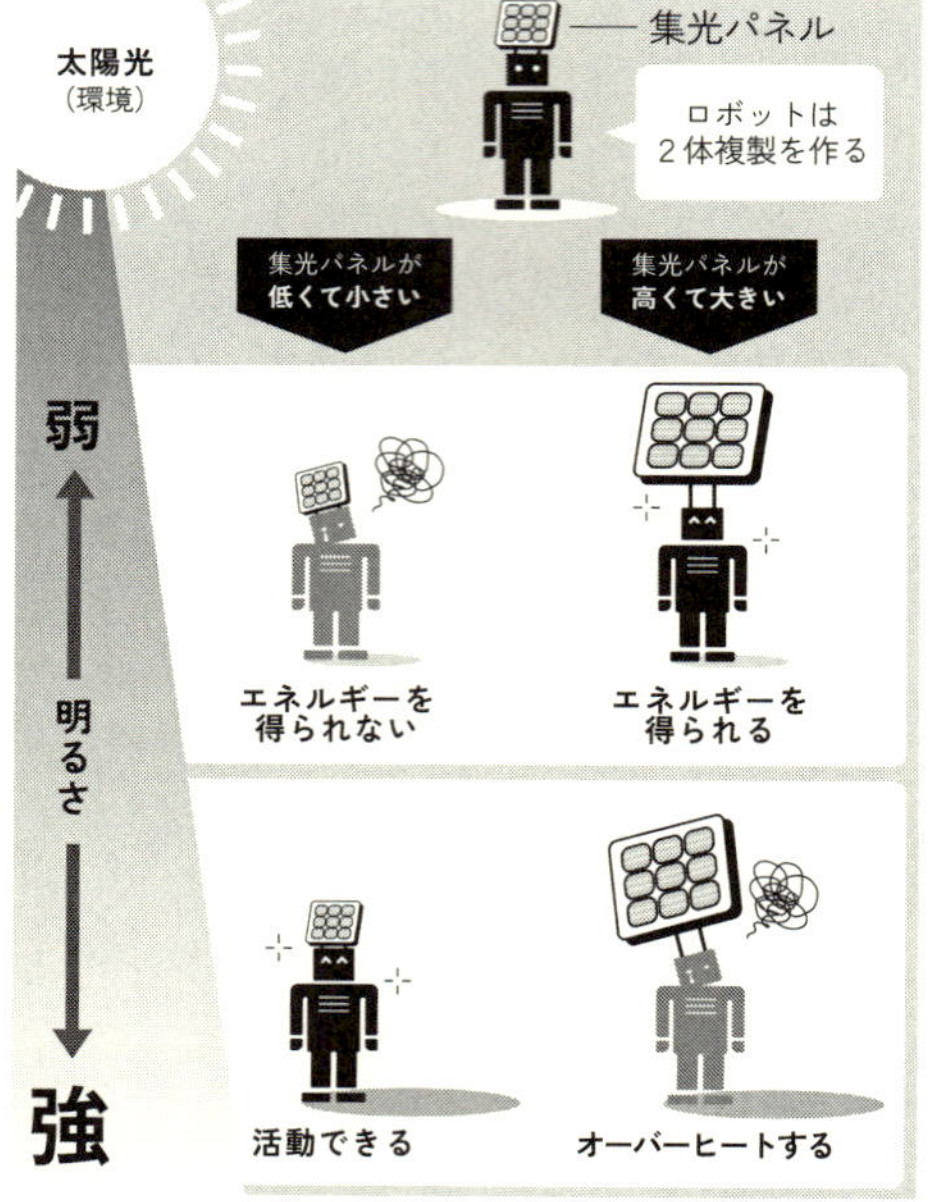

図5－14　“ある惑星のロボット”には太陽光の変化という環境による自然淘汰が働いていた

をしている、とはふつう言わないし。しかし、3の「自分の複製を作ること」は、ロボットにも完全に当てはまる。ロボットは自分の複製を2体作るからだ。その結果、環境に有利なロボットが生き残り、数を増やしていった。つまりロボットには、自然淘汰が働いていたわけだ。

さて、ここで問題なのは、上記のロボットを生物と呼ぶかどうかだ。でも、どう呼ぶかは個人の自由であるし、そもそも宇宙全体で通用する生物の定義を考えるなんて、不可能かもしれない。

そこで、生物かどうかはひとまず置いておいて、別の面から考えてみよう。それは、この世界のものは、大きく2つに分けられるということだ。一つは**自然淘汰が働いているもの**で、もう一つは**自然淘汰が働いていないもの**だ。

上記のロボットには、自然淘汰が働いていた。1体のロボットが2体のロボットを作るので、ロボットの数が過剰になり、環境に適したロボットだけが生き残ったからだ。

そして大切なことは、自然淘汰が働いていれば、環境の変化にも対応できるということだ。もし環境が変化すれば、変化した環境に適していないロボットは生き残れないけれど、その代わりに環境に適したロボットが生き残って増えていくからだ。もしもロボットに自然淘汰が働いていなければ、ロボットはすぐに絶滅してしまっただろう。

つまり、長期間にわたって持続的に生物（のようなもの）が生きていくためには、自然淘汰が働くことが必要なのだ。

ところで、人工知能について、シンギュラリティに不安をもつ人がいる。シンギュラリティとは「人工知能が自分の能力を超える人工知能を、自分で作れるようになる時点」のことだ。でも、そこで生まれる人工知能が増えていくとは限らない。なにかの事故で壊れるかもしれないし、そうであれば一過的な出来事として終わってしまうだろう。

本当に恐れるべきは、人工知能に自然淘汰が働きはじめたときだ。たとえば1つの人工知能が2つの人工知能を作るようになったときだ。そうなったら、本当に取り返しがつかないことになるのではないだろうか。

自然淘汰が始まった瞬間……それが本当のシンギュラリティだ。

果たしてシンギュラリティは来るのだろうか。そのときは、私たちの代わりにAIが進化を始めるのだろうか。まあ、あまり心配しても杞憂かもしれない。古代中国の時代から、いまだに天(*)は落ちてきていないのだから。

(*) 杞憂：周代、杞の国の人が「天が落ちてこないか」と憂えた、という故事から。

第6講義

ヒトをめぐる進化論

ミトコンドリア・イブは全人類の母ではなかった

約16万年前のアフリカに、一人の女性が住んでいた。彼女の細胞の中にあったミトコンドリアは、子供からさらにその子供へと伝えられていった。そして、彼女のミトコンドリアは、ついにすべての人類に広がった。つまり、現在の地球上に住んでいるすべてのヒトのミトコンドリアは、彼女一人のミトコンドリアに由来するのである。

この話は魅力的なだけでなく、事実である。ミトコンドリア・イブという洒落たニックネームがつけられたこともあって、この16万年前にアフリカにいた女性は、世界的な有名人になった。そして、このミトコンドリア・イブの存在が、私たちヒト（学名はホモ・サピエンス）がアフリカ起源である証拠だと、いろいろなところで述べられるようになった。

でも、本当に、そうだろうか。ミトコンドリア・イブと呼ばれる女性が約16万年前にアフリカにいたことはよいとして、それってヒトがアフリカ起源であることの証拠になるのだろうか。本当に彼女は、現在生きているすべてのヒトの母なのだろうか。

ミトコンドリアは母系遺伝をする

少しだけ、ミトコンドリアの説明をしよう。ミトコンドリアは細胞の中にある器官で、酸素を使って呼吸を行い、エネルギーを生み出す。呼吸というと、鼻や口から酸素を吸ったり二酸化炭素を吐いたりするイメージが強いが、それは呼吸という現象の一番端っこだ。酸素呼吸をする本体は、ミトコンドリアなのだ。

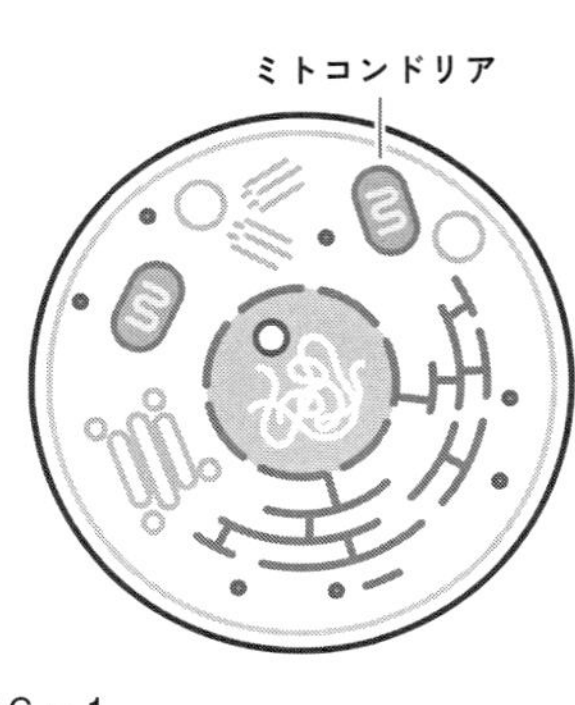

図６－１
細胞小器官の一つミトコンドリア

さて、ヒトの細胞の中で、ＤＮＡがある場所は２つである。核とミトコンドリアだ。とはいえ、ミトコンドリアにあるＤＮＡは、核にあるＤＮＡに比べれば、ほんのわずかだ。ミトコンドリアＤＮＡは核ＤＮＡの約20万分の１にすぎない。

だが、ミトコンドリアＤＮＡには、変わった特徴がある。それは、母系遺伝をすることだ。核ＤＮＡは父親と母親から、ほぼ半分ずつ子供に伝わる。しかしミトコンドリアＤＮＡは、父親からは子供に伝わらず、母親からだけ子供に伝わる。こういう遺伝の仕方を母系遺伝という。

だから、あなたのミトコンドリアDNAは、あなたの母親から伝わったものだ。そして、あなたの母親のミトコンドリアDNAは、母親の母親、つまりあなたの母方の祖母から伝わったものだ。つまり、あなたのミトコンドリアDNAは、あなたの母方の祖母のミトコンドリアDNAと同じになる。そうやって、ずっと先祖を遡っていけば……あなたの母親の母親の母親の（これを6500回ぐらい繰り返す）……母親の母親は、アフリカに住んでいたミトコンドリア・イブなのだ。

そして、これが、現在生きている80億人のすべてのヒトに当てはまる。すべてのヒトの母親の母親の……母親の母親は、アフリカに住んでいたミトコンドリア・イブなのである。

あれ？　これなら、ミトコンドリア・イブがアフリカにいたのなら、ヒトの起源がアフリカであることの証拠になりそうな気がするけれど……。どこが、おかしいのだろうか。

世界にヒトが4人しかいなかったら

話を簡単にするために、世界にヒトは夫婦が2組、つまり4人しかいなかったとしよう（図6−2）。

まず、第1世代で考える。それぞれの夫婦は、アフリカとアジアに住んでいた。そして、アフ

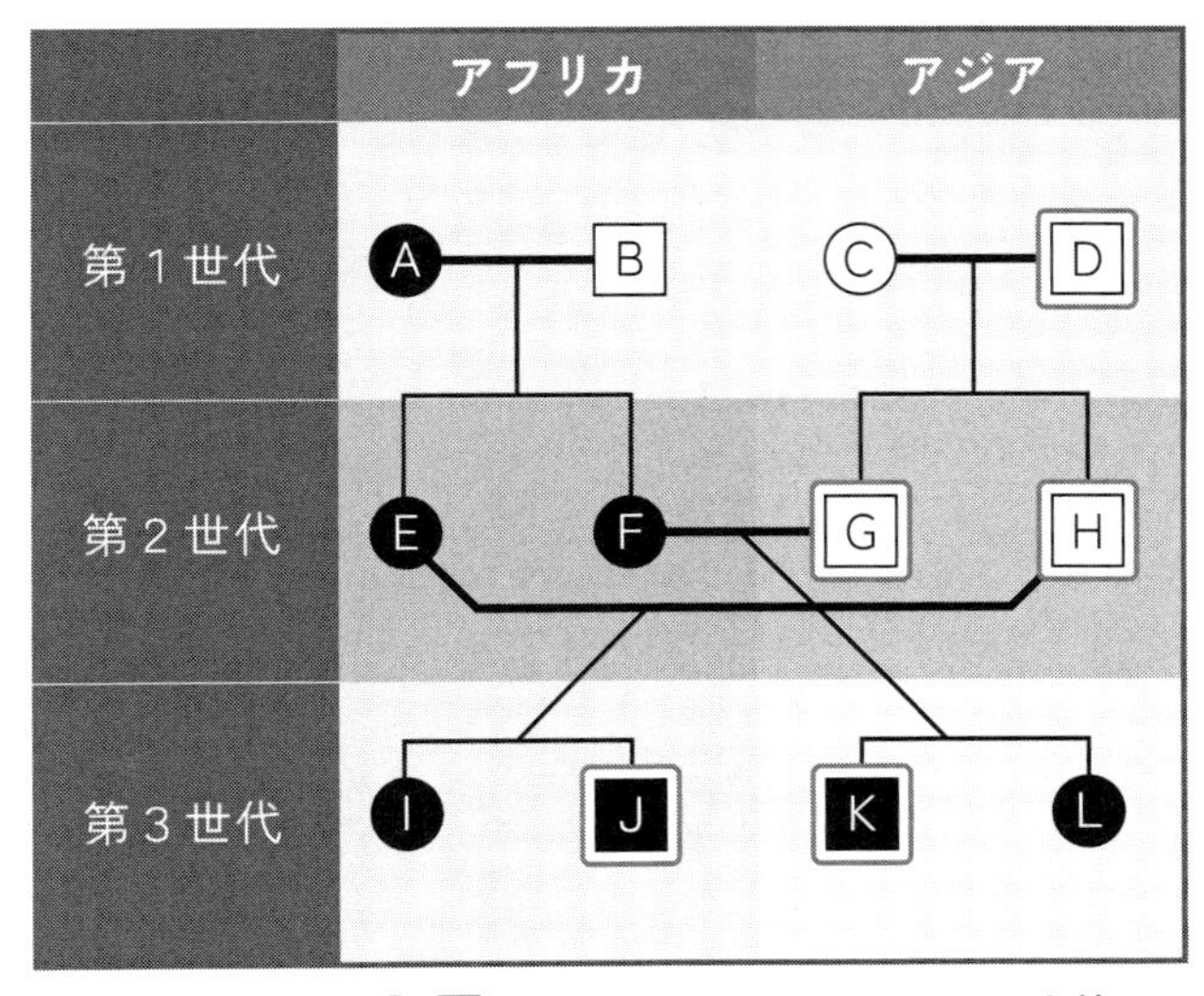

図6－2　人口が4人の場合のミトコンドリア・イブ　○が女性を、□が男性を示す。●■はAに由来するミトコンドリアDNAを持つ人で、回はDに由来するY染色体を持つ人である。第3世代の4人全員の祖先は、ミトコンドリア・イブ（A）だけでなく、他にも3人（B、C、D）いることがわかる

リカの夫婦（A、B）には2人の女の子（E、F）がいた。アジアの夫婦（C、D）には2人の男の子（G、H）がいた。この合計4人の子供が第2世代になる。

次に、第2世代を考える。アフリカの次女（F）はアジアに移住して、アジアの長男（G）と結婚した。そして、2人の子供（K、L）ができた。アジアの次男（H）はアフリカに移住して、アフリカの長女（E）と結婚した。そし

て、2人の子供ができた（I、J）。

さて、第3世代を考えよう。第3世代の人口も4人で、アフリカとアジアに住んでいる。この4人のミトコンドリアDNAはすべて、アフリカに住んでいた第1世代の女性Aに由来する。したがって、このAが、第3世代4人にとってのミトコンドリア・イブである。

ところで、ミトコンドリアDNAは母系遺伝をするけれど、父系遺伝をするDNAもある。Y染色体だ。

ヒトの性染色体には、X染色体とY染色体の2種類がある。そして、女性はX染色体を2本持ち、男性はX染色体とY染色体を1本ずつ持っている。だから、もし、あなたが女性なら、Y染色体を持っていないけれど、もし、あなたが男性なら、Y染色体を持っている。そのY染色体は、あなたの父親から伝わったものだ。そして、あなたの父親のY染色体は、父親の父親、つまりあなたの父方の祖父から伝わったものだ。

つまり、あなたのY染色体は、あなたの父方の祖父のY染色体と同じになる。そうやって、ずっと祖先を遡っていけば、ついにはY染色体アダムに到達する。そして、これが、現在生きている80億人のほぼ半分の、すべての男性に当てはまる。すべての男性の父親の父親の……父親の父親は、Y染色体アダムなのだ。

何万人ものアダムとイブ

私たちヒトの、実際のY染色体アダムは、アフリカに住んでいたと考えられている。しかし、今は、図6－2の架空の世界で考えよう。

第3世代のY染色体はすべて、アジアに住んでいた第1世代の男性Dに由来している。したがって、このDが、第3世代にとってのY染色体アダムである。しかし、そう考えると、何か変だ。現在生きているすべてのヒトの母であるミトコンドリア・イブがアフリカにいたのに、すべてのヒトの父であるY染色体アダムがアジアに住んでいたなんて。

でも、よく考えてみれば、何もおかしいことはないのである。おかしいのは「すべてのヒトの母」とか「すべてのヒトの父」とか「イブ」とか「アダム」とかいう言葉であって、現象としては何の不思議もない、まったく当たり前のことなのだ。

ミトコンドリア・イブやY染色体アダムは、「現在のすべてのヒトの共通祖先」ではなくて、「現在のすべてのヒトのDNAの一部の共通祖先」だ。DNAの「一部」の共通祖先なのだ。ミトコンドリアDNAやY染色体は、ヒトのDNAのほんの一部にすぎない。だから、DNAの他の部分にも、それぞれ共通祖先がいたはずだ。

もう一度、図6－2を見てみよう。たとえば、第3世代から見れば、母親の母親であるAはミトコンドリア・イブだ。そして父親の父親であるDはY染色体アダムだ。でも、母親の父親であるBだって、父親の母親であるCだって、第3世代の全員に、自分のDNAのどこか一部分を伝えている。

したがって、確率的に考えれば、AもBもCもDもだいたい同じくらいのDNAを第3世代に伝えているはずだ。だから、いわばAもBもCもDも、みんなイブやアダムなのだ。

これは現実の世界にも、そのまま当てはまる。たしかに、すべてのヒトの母親の母親の……母親の母親はミトコンドリア・イブだ。父親の父親の……父親の父親はY染色体アダムだ。でも、父親の母親の……母親の父親を通って伝えられたDNAだってあるだろうし、母親の母親の……父親の母親を通って伝えられたDNAだってあるだろう。

そういう、すべてのヒトの遺伝子の共通祖先をイブやアダムと呼べば、イブやアダムは数万人以上いる。それらのたくさんのイブやアダムが数十万年前から数百万年前に生きていたことが、現在のヒトゲノム解析の結果から、明らかになっている。

私たちの受け継いだDNAは数万人以上の祖先から、それぞれ受け継いだ短いDNAの集合体なのだ。ミトコンドリア・イブやY染色体アダムは、その中のたった2人にすぎないのである。まあ、言葉や好みの問題かもしれないけれど、数万人以上の祖先がいるときに、その中の2人だけを、すべてのヒトの母とか父とか呼ぶのは、おかしくないだろうか。

というわけで、ミトコンドリア・イブがアフリカにいたからといって、ヒトの起源がアフリカである証拠にはまったくならない。とはいえ、ヒトの起源がアフリカであることは、ほぼ確実だ。でも、それは、化石などから得られた知見であって、ミトコンドリア・イブとは何の関係もない話である。

生物のボディプランと進化の速度

カンブリア紀の脊椎動物と節足動物

動物は（研究者によって多少異なるが）35個ぐらいのグループに分けられる。それぞれのグループは「門」と呼ばれ、独自のボディプランを持つことで区別されている。それらの中でもっとも繁栄しており、かつもっとも身近なグループは、「脊椎動物門」と「節足動物門」だろう。

脊椎動物門は私たちヒトが属しているグループだし、節足動物門は非常に種数が多い昆虫を含むグループだ。そして、脊椎動物門も節足動物門も、すでにカンブリア紀（約5億3900万年前〜約4億8500万年前）には現れていたことが知られている（ちなみに、かつて脊椎動物は「門」の下の分類階級である「亜門」とされていたが、最近は「門」とすることもある）。

たとえば、中国雲南省のカンブリア紀の地層（約5億2000万年前）から産出した澄江（チェンジャン）生物群には、脊椎動物であるミロクンミンギアという魚や、節足動物であるエオレドリキアという三葉虫が含まれているのである。

図6－3　上・脊椎動物「ミロクンミンギア」(Andrew Dalby)、下・節足動物「エオレドリキア」(Ghedoghedo)

ヒトは脊椎動物でショウジョウバエは節足動物

ところで、もちろん現在の地球にも、脊椎動物や節足動物は生息している。たとえば私たちヒトは脊椎動物だし、ショウジョウバエは節足動物だ。

それでは、ここで述べた4種の動物について考えてみよう。この中でお互いに似ているのは、「脊椎動物であるミロクンミンギアとヒト」と「節足動物であるエオレドリキアとショウジョウバエ」だ。

たとえば、ミロクンミンギアとヒトは体を支持する棒状の構造が体内に走っているし、エオレドリキアとショウジョウバエは体の外側を硬い組織が覆っている。もっとも、そんなことをいちいち考えなくても、脊椎動物同士が似ていて、かつ節足動物同士が似てい

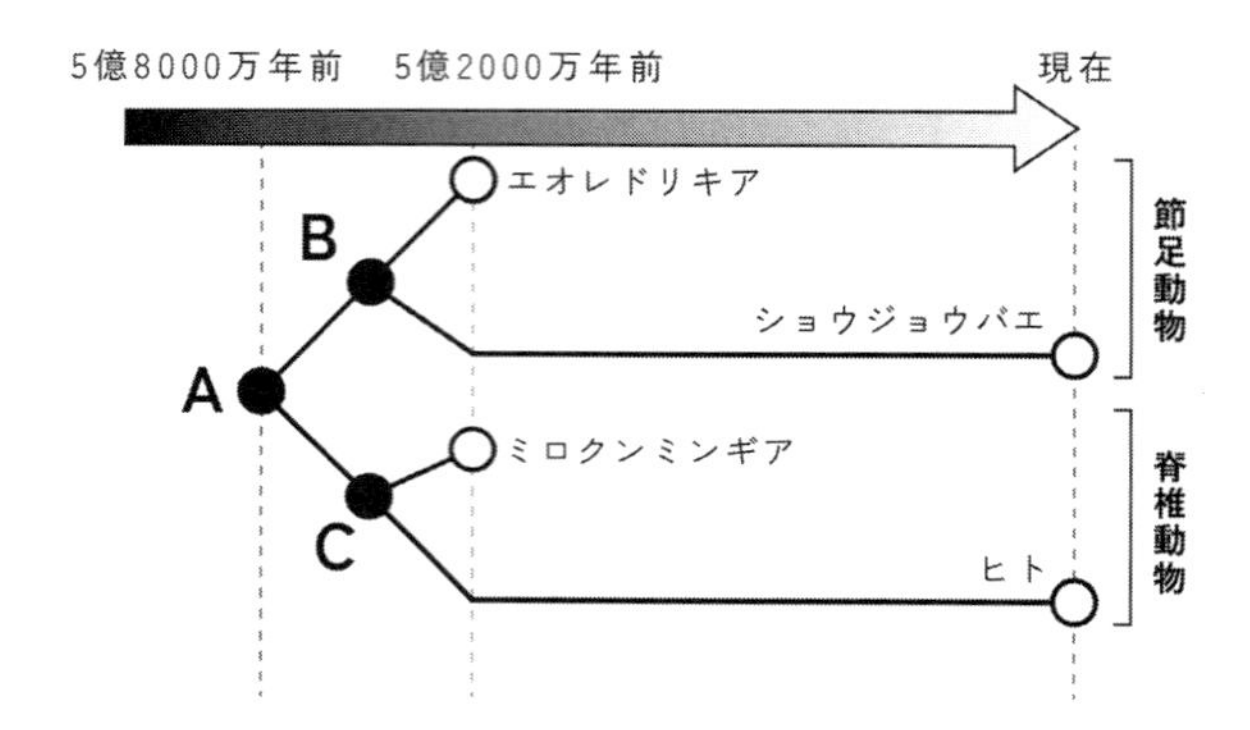

図6-4　節足動物と脊椎動物の進化の概略　Aは節足動物と脊椎動物の共通祖先、Bはエオレドリキア（三葉虫）とショウジョウバエの共通祖先、Cはミロクンミンギア（魚）とヒトの共通祖先を示す

るのは当たり前な気がする。ところが、よく考えてみると、これは非常に不思議なことなのである。

脊椎動物と節足動物の共通祖先

ＤＮＡによる解析から、脊椎動物と節足動物の共通祖先は、約5億8000万年前に生息していたと推定されている【図6－4のＡ】。それでは、節足動物であるエオレドリキアとショウジョウバエの共通祖先は、いつごろ生きていたのだろうか。

エオレドリキアは絶滅した三葉虫の一種なので、ショウジョウバエの直接の祖先ではありえない。そこで、両者の共通祖先が生きていた時代は、エオレドリキアが生きていた時代より前ということになる。

ということは、5億8000万年前と5億2000万年前の間のどこかだろう【図6－4のＢ】。同じように考えれば、ミロクンミンギアとヒトの共通祖先が生きていた時代も、5億8000万年前と5億2000万年前の間のどこかということになる【図6-4のC】（ちなみに、ミロクンミンギアがヒトの直接の祖先である可能性はゼロではない。その場合は（C）が生きていた時代は約5億2000万年前になる）。

さて、生物というものは、進化していくにつれて形がだんだん変わっていくものだ。進化した時間が短ければ、それほど形は変化しないかもしれないが、進化した時間が長ければ、形は大きく変化する。そう考えるのが普通だが、しかし、今述べた4種の動物で考えると、そうなっていないのだ。

節足動物と脊椎動物の形は大きく違う。しかし、約5億8000万年前の時点では、節足動物も脊椎動物も（A）という同じ種であった。それから両者は別々の進化の道を歩み始めて、節足動物（B）と脊椎動物（C）に分かれたわけだ。

劇的な変化は、1億年ほどで起こったのに……

したがって、両者の違いは、「AからB」のあいだに変化した量と「AからC」のあいだに変化した量を足したものになる。進化にかかった時間で考えれば、「AからB」の時間と「AからC」の時間を足したものになるわけだ。「AからB」は数千万年、「AからC」も数千万年なので、両方を足してもせいぜい1億年ぐらいだろう。その程度の時間で（A）は節足動物（B）と脊椎動物（C）に大きく変化したのである。

一方、節足動物のエオレドリキアとショウジョウバエのあいだの違いを生み出した時間は、「Bからエオレドリキア」と「Bからショウジョウバエ」の時間を足したものなので、5億〜6億年ぐらいだ。それなのに、両者は同じ節足動物なので、形がそれほど大きくは違わない。同じことは、脊椎動物のミロクンミンギアとヒトにも言える。

考えてみれば、これは不思議なことである。節足動物と脊椎動物が分かれたときは、短い時間で形が大きく変わったのに、節足動物や脊椎動物が生まれた後は、長い時間が経ってもあまり形が変化していない。それはなぜだろうか。

進化できる「ボディプラン」には限りがある

これには大きく分けて2つの説明の仕方がある。

一つは、進化できるボディプランには限りがある、という説明だ。節足動物と脊椎動物は、かなり異なるボディプランをしているし、その他の動物も、いろいろなボディプランを進化させている。しかし、だからといって、どんなボディプランにも進化できるわけではないかもしれない。

動物の発生は、受精卵が細胞分裂をすることによって進んでいくが、その道筋には何らかの制約がある可能性がある。そのため、辿り着けるゴールの数は、限られているのかもしれない。このゴールが、動物の成体のボディプランというわけだ。

そのため、まだボディプランが決まっていない時代の初期の動物は、さまざまなボディプランへと進化することができるけれど、いったんボディプランが決まってしまうと、それを変更することは難しくなる。つまり、まだボディプランの決まっていない動物の共通祖先は、節足動物にも脊椎動物にも進化できたけれど、いったん節足動物や脊椎動物になってしまうと、その後はずっとそのままだというわけだ。

生態系における「役割」には限りがある

もう一つは、生態系における役割には限りがある、という説明だ。これは、樽に石を詰めることに例えられる。空の樽には、大きな石も入る。しかし、樽がいっぱいになると、大きな石は入らない。できることは、せいぜい小さな石を隙間に入れることぐらいだろう。この樽は生態系を表し、石は生態系における役割を表している。ただし、生態系で新たな役割を果たすには、おそらく新たなボディプランを持つことが必要なので、この石はボディプランを表していると考えてもよい。

まだ生態系の役割が空いているときは、新しいボディプランも進化できる。しかし、動物が増えて生態系の役割が埋まってしまうと、もはや新しいボディプランは進化できない。せいぜい小さな変化を進化させるぐらいがやっとである。そのため、いったん節足動物や脊椎動物などのボディプランが確立して、生態系が満たされてしまうと、新たなボディプランは生まれづらくなる。そして、確立されたボディプランが、生態系における同じ役割を、長期にわたって果たし続けることになるのである。

どちらの説明が正しいのかはわからないが（あるいは両方ともある程度は正しいのかもしれないが）、動物の形態の進化速度が大きく変わることは確かだ。進化していくにつれて形がだんだん変わっていくことに間違いはないけれど、進化した時間が長ければ長いほど、形が大きく変化するわけではないのである。

進化論から考えるヒトの寿命を延ばす方法

人類の寿命はどこまで延ばせるか?

もし実行できれば、人類の寿命を確実に延ばせる方法がある。

ある年齢、たとえば35歳になるまでは、子供を作ることを禁止するのである。「20歳になるまではアルコールを飲んではいけません」みたいな感じで「35歳になるまでは子供を作ってはいけません」という法律を作ればよいのだ。そして、それを何百年か続けたら、今度は子供を作ってもよい年齢を40歳に引き上げるのだ。そういうことを繰り返していけば、みるみるうちに（といってもI万年ぐらいはかかるかもしれないが）私たちの寿命は延びて２００歳を超えるかもしれない。

これは、実行されることはない、という意味では半分冗談だけれど、実際に効果がある、という意味では半分本気である。

私たちは、いくつかの重大なことを、気にも留めないで生きている。そのうちの一つは、私たちの直接の祖先には、若くして死んだ人が一人もいなかったということだ。これは、考えてみれば当たり前で、もしあなたの父親が幼くして亡くなったら、あなたは生まれてこなかったはずだ。それは、あなたの母親にも、祖父母にも、曽祖父母にも当てはまる。あなたの直系の祖先は、全員が大人になるまで死ななかったのだ。

遺伝子を残せる年齢がポイント

私たちの一生は受精卵から始まる。受精卵というたった1つの細胞が、細胞分裂をしながら成長して、ついには生殖可能な大人になる。ここでは、生殖可能になる年齢を（きりがよいので仮に）20歳としよう。すると、この20歳という年齢が、進化にとって重要な数字になる。

遺伝子のなかには、突然変異を起こして致死遺伝子になり、個体を死に追いやるものがある。こういう遺伝子は自然淘汰によって除かれていく傾向があるけれど、その自然淘汰の強さは遺伝子ごとにさまざまである。

たとえば、10代のときに効果を発揮して、個体を死に追いやる致死遺伝子があったとしよう。こういう遺伝子は、自然淘汰によって１００パーセント除かれてしまう。生殖年齢に達する前に

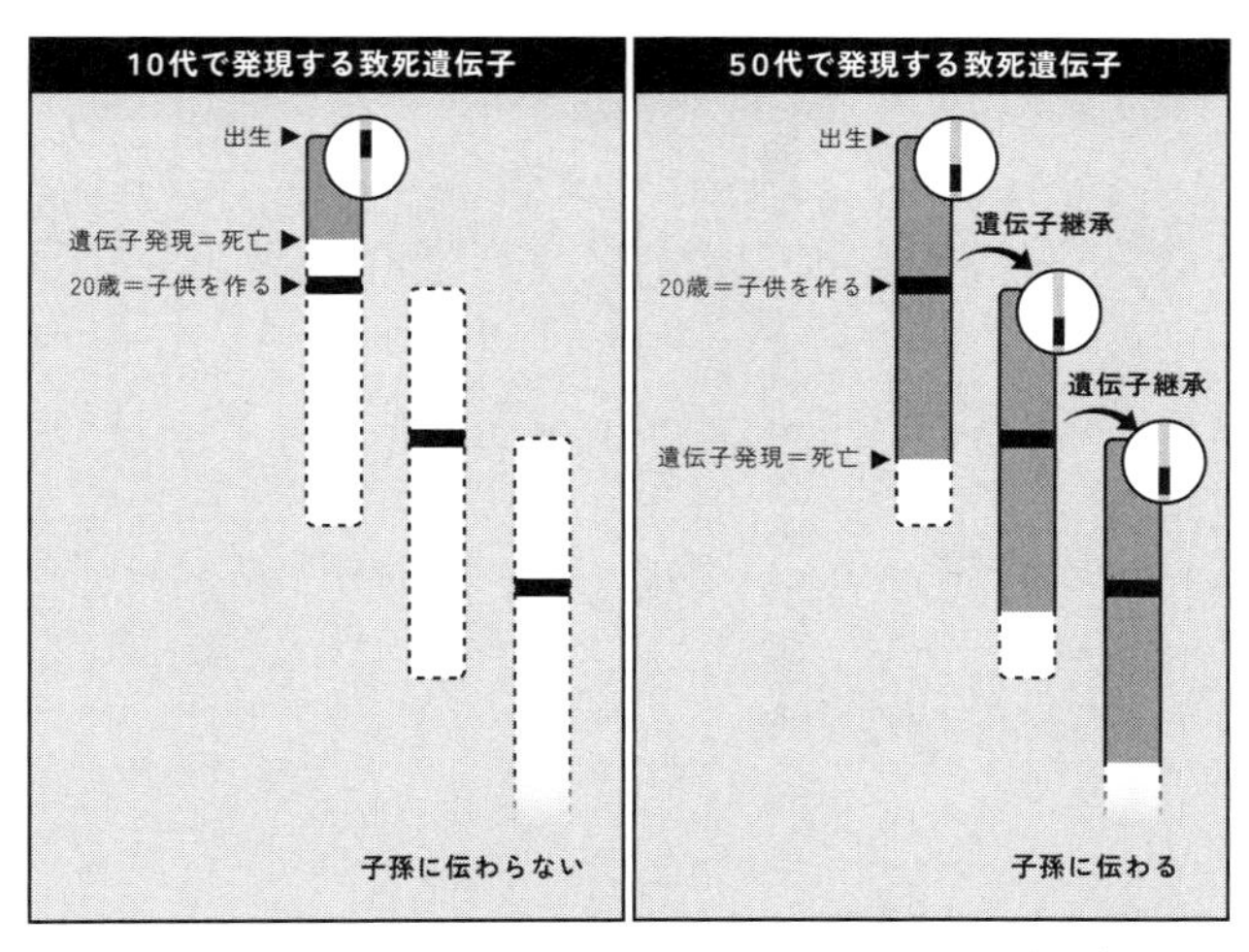

図6－5　10代で発現する致死遺伝子と50代で発現する致死遺伝子

亡くなれば、遺伝子を子孫に伝えることはできないからだ。

一方、50代になってから効果を発揮する致死遺伝子は、自然淘汰の力ではなかなか除くことができない。致死遺伝子が効果を発揮する前に、子供に伝わってしまうからだ。つまり、20歳より前に効果を発揮する致死遺伝子に対しては、自然淘汰が強力に働くけれど、20歳を境に、それより後に効果を発揮する致死遺伝子に対しては、自然淘汰の力はだんだん弱まっていくのである。

もちろん、これは単純化した話である。10代のときに影響を及ぼす致死遺伝子でも、致死率が100パーセントでなければ、ある程度は子孫に伝わってしまう。また、私たちは、両親から遺伝子を受け継ぐので、ほぼ同じ遺伝子を2

つずつ持っている。すると、その片方が突然変異を起こして致死遺伝子になっていても、もう一方は致死遺伝子ではないかもしれない。もし、致死遺伝子でないほうが顕性で表現型に現れ、致死遺伝子のほうは潜性で表現型に現れなければ、致死遺伝子を持っていても10代で死ぬことはなく、致死遺伝子を子孫に伝えてしまう可能性がある。

考え出せばいろいろなケースがあるけれど、影響が出る年齢が高い致死遺伝子ほど、除かれにくい傾向があることは間違いない。つまり、少なくとも寿命の一部は、遺伝子に影響されるのだ。ということは、少なくとも寿命の一部は、進化によって作られたことになる。

この考えを支持する事実を2つほど紹介しよう。一つは、**寿命に影響する遺伝子が存在すること**、もう一つは、**環境（外因による死亡率）によって寿命が影響されること**だ。

遺伝子によって作られた寿命

生物のなかには、よく研究に使われる種がいる。それらはモデル生物と呼ばれ、ショウジョウバエやマウスが有名だが、カエノラブディティス・エレガンス（*Caenorhabditis elegans*）という学名の線虫も負けていない。この、長さが約1ミリメートルの小さくて透明な線虫は、細胞数が少ないという研究上の大きなメリットがあるのだが、寿命に関係する遺伝子がいくつも発見されていることでも知られている。

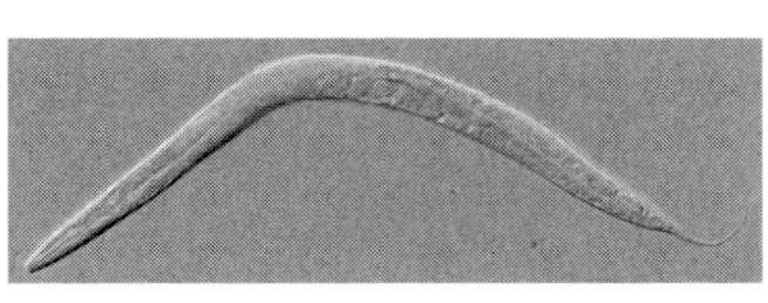

図6－6　カエノラブディティス・エレガンスの電子顕微鏡像（Zeynep F. Altun）

その一つにダフ2（*daf-2*）という遺伝子がある。このダフ2の働きを阻害した線虫は、寿命がほぼ2倍に延びることが明らかになっている。

ダフ2の働きを阻害したら寿命が延びたのであるから、この遺伝子は寿命を短くしていることになる。どうしてそんな遺伝子を線虫は持っているのだろうか。

線虫は、幼虫の段階で環境が悪くなると、堅い殻に包まれた耐性幼虫になって生き延びることが知られている。耐性幼虫になれば、エサを食べずに2ヵ月以上生きることができる。そして、環境が回復すると、元に戻って成虫になるのである。

ところが、ダフ2の働きを阻害すると、線虫は環境が悪化しても、耐性幼虫になることができずに死んでしまうのだ。自然界では、環境が悪くなることは、しょっちゅうだろう。そのため、たとえ寿命が短くなっても、耐性幼虫になれるほうが、総合的に考えれば有利なのだと考えられる。

つまり、ダフ2遺伝子は、さきほど考えたような、生殖年齢を過ぎてから有害な影響を及ぼす（寿命が短くなる）遺伝子だ。だから、子孫に伝わってしまうのだ。しかもダフ2の場合は、若いときに有益な影響を及ぼす（耐性幼虫になれる）ので、積極的に子孫に伝わっているとも考えられ

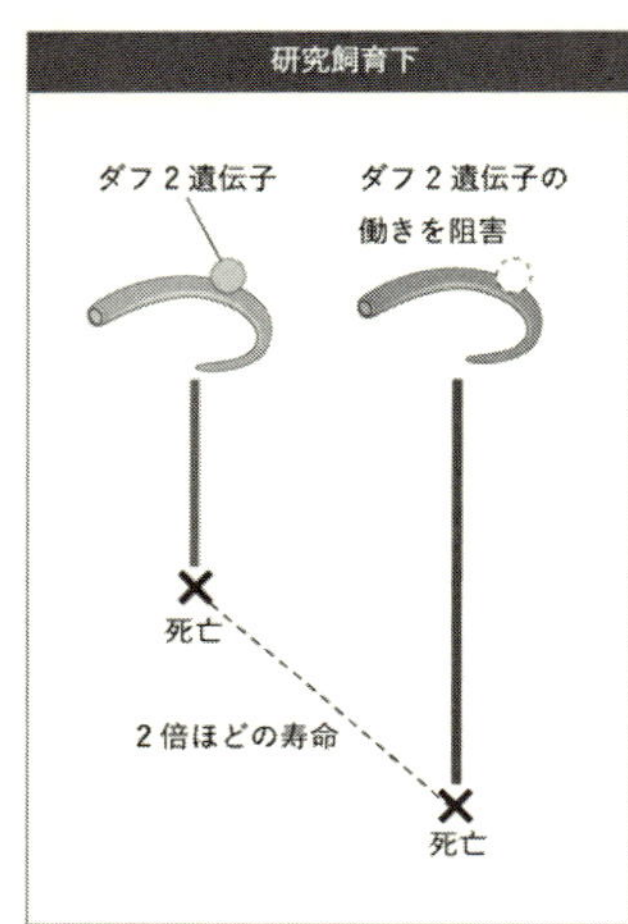

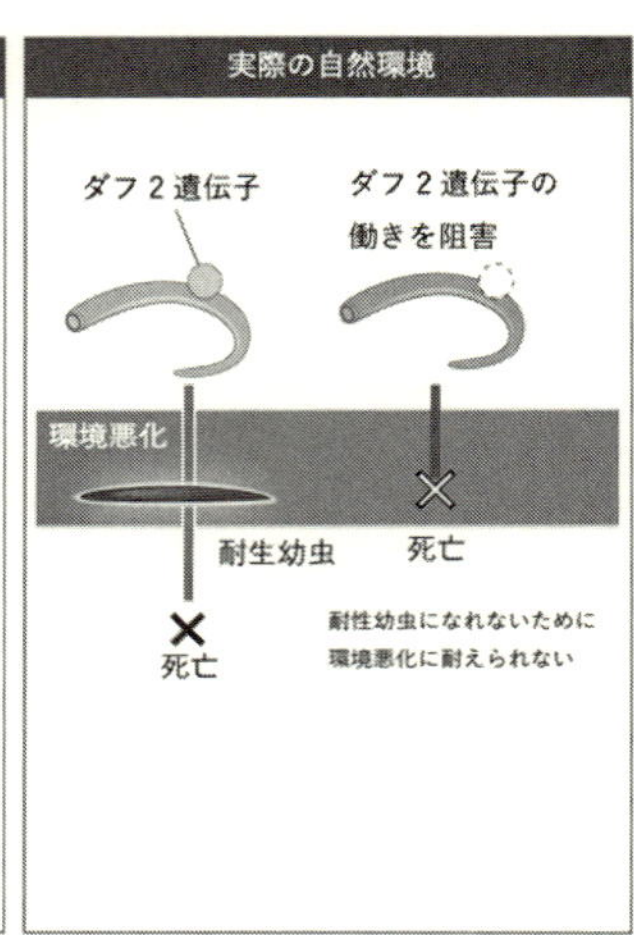

図６－７
カエノラブディティス・エレガンスの、ダフ2の働きによる寿命の違い

る。つまり、線虫の寿命の少なくとも一部は、ダフ2によって決まっている、つまり進化によって決まっていることになる。

外因による死亡率で決まる寿命

寿命は進化によって決まっているとしても、そういう進化を促す具体的な要因は、いろいろあるだろう。しかし、それらの要因のなかで、外因による死亡率が、寿命に大きな影響を与えていることが明らかになってきた。

たとえば、事故などによる死亡率の高い種では、自然淘汰によって、成長が速くなり、寿命が短くなるのだ。事故などによる死亡率が低い種では、その反対に、寿命が長くなる傾向がある。

鳥やコウモリは、同じくらいの体重で比較すると、飛べない哺乳類より長生きである。それは、飛べるので捕食者に食べられることが少なく、外因による死亡率が低くなっているためと考えられる。

さらに鳥類のなかでも、ダチョウは、体重が２００分の1ぐらいのヨウムと同じぐらいの寿命（約50年）だし、エミューも、体重が５００分の１ぐらいのコマツグミと同じぐらいの寿命（約17年）である。ふつうは体の大きいほうが長生きなので、ダチョウやエミューは、鳥のなかでは相対的に寿命が短いといえる。その理由は、ダチョウやエミューは飛べないからかもしれない。

また、捕食者に襲われにくい環境に棲んでいる動物も、長寿の傾向がある。

地中に穴を掘って暮らしているハダカデバネズミは、同じぐらいの体重のラットより10倍近く長生きで、37年も生きた記録がある。甲羅で体を守っているアルダブラゾウガメは１５２歳、貝殻で体を守っているアイスランド貝は５０７歳という記録がある。

ちなみに、20世紀の半ばごろまでは、生物の寿命についての仮説として、生命活動速度論の人気が高かった。生命活動速度論は、「同じ重さで比べると一生のあいだに使うエネルギー量はどの種でも同じである」とか「一生のあいだに心臓が拍動する回数はどの種でも同じである」などと表現されることが多い。ゾウはネズミより長生きだが、その分心臓がゆっくり打つので、一生のあいだに心臓が打つ回数はだいたい同じであるというわけだ。

生命活動速度論の人気が高かったころには、「怠け者のほうが長生きする」とか「女性は男性より肉体労働をすることが少ないので長生きする」などの珍説が流布したが、もちろんこれらの説には根拠がない。21世紀になり、大量のデータを使って統計的な研究がなされるようになって、生命活動速度論は否定されてしまった。

寿命を変える実験

さて、寿命が進化によって作られたのであれば、世代時間の短い種を使って、寿命を変える実験ができるはずである。実際に、そういう実験は行われており、外因による死亡率によって寿命が変化することは実証されている。たとえば、ショウジョウバエを定期的に間引くことによって、ショウジョウバエの外因による死亡率を上昇させると、寿命が短くなることが確認されている。

寿命のすべてが、外因による死亡率によって決められているわけではないかもしれない。しかし、寿命の一部が、外因による死亡率によって決められていることは確かだろう。したがって、外因による死亡率を操作すれば、寿命を操作できるはずだ。

ということで、子供を作れる年齢を制限することで、寿命を大幅に延ばせるはずなのだが……1万年待つのは、さすがに長すぎるだろうか。

意識とは何か？
シミュレーション仮説に思うヒトの生

歴史に「もしも」があったら？

歴史にもしもはない、という。もしも武田信玄が病気で死ななかったら……もしも平泉で藤原泰衡の軍勢に囲まれたとき、源義経が脱出していたら……。

そんなことは、考えても仕方のないことだ。でも、私たちは、ついそんなことを想像してしまう。もしも歴史が違う方向に進んでいたら、と夢見ることを、私たちはやめることができない。そして、それは……私たちだけでなく、他の知的生命体でも同じかもしれないのだ。

スウェーデン人の哲学者であり、オックスフォード大学の教授であるニック・ボストロム（1973-）は、「シミュレーション仮説」を提唱した。この仮説は、私たちが生きている世界というものが、知的生命体が行っているコンピューター・シミュレーションである可能性を指摘したものである。

私たち人類だって、どんどん文明が発達していけば、地球全体（ひょっとしたら宇宙全体）のシミュレーションを行うことが可能になるかもしれない。そうなれば、コンピューター上で少し条件を変えて、武田信玄が病気で死ななかった場合の戦国時代をシミュレートしてみる人が出てくるだろう。

でも、きっとそれだけで終わらない。もしも桶狭間の戦いで今川義元が勝っていたら……もしも本能寺の変で織田信長が死ななかったら……そんな、ありとあらゆるシミュレーションが行われるはずだ。現実の歴史はたった1回なのに、きっとシミュレーションは何千回、何万回と行われるだろう。そして、そのシミュレーションが正確に現実を模したものであれば、その中の人々は意識さえ持つようになるかもしれない。

あなたの存在は「シミュレーション」上にある

意識を持った現実の織田信長は1人だけれど、意識を持ったシミュレーション上の織田信長は何千人も何万人もいる。そして、もしもあなたが織田信長だったら……あなたは現実の織田信長だろうか、それともシミュレーション上の織田信長だろうか。

もちろん、まず間違いなく、シミュレーション上の織田信長だろう。現実の織田信長である可能性は、数千分の一とか数万分の一とか非常に少ないのだから、あなたはシミュレーション上の織田信長である可能性が非常に高いのである。

じつは、これと同じことが、すべての人に当てはまる。とにかく現実の世界よりも、シミュレーション上の世界のほうが圧倒的に多いのだから、意識を持った住民の数も、現実の世界よりシミュレーション上の世界のほうが圧倒的に多いはずだ。その場合、もしもあなたが意識を持った存在ならば（おそらくそうだろう）、あなたは現実の世界ではなくシミュレーションの世界に住んでいる可能性のほうがずっと高い。おそらく、あなたも、あなたの周りの人も、みんなシミュレーション上の存在なのだ。

世界は5分前にできた？

イギリス国教会のジェームズ・アッシャー（1581－1656）がケンブリッジ大学副総長ジョン・ライトフット（1602－1679）とともに、聖書の記述を忠実に逆算して、天地創造は紀元前4004年であったと算出した。世界はおよそ6000年前にできたというわけだ。

もちろん、この考えに対する反論もあった。しかし、たとえ紀元前4004年より前から世界が存在した証拠が見つかったとしても、そういう証拠も含めて紀元前4004年に世界が創られたのだと言われれば、それ以上反論することはできないだろう。

図6-8　バートランド・ラッセル
(Yousuf Karsh)

それとは別に、「世界五分前仮説」というものもある。これはイギリスの哲学者であるバートランド・ラッセル（1872-1970）が唱えた思考実験で、世界は5分前に始まった、という仮説である。

世界が5分前に始まったとしたら、私たちが5分前より昔のことを覚えているのはおかしいではないか、と思うかもしれない。でも、さきほどと同じ論理で、そんな疑問は論破できる。5分前より昔の記憶を持った状態で、私たちは5分前に創られたと考えればよいのである。たとえ、実際には過去がなかったとしても、あたかも過去があったような状態で5分前に世界が創られたのだと考えれば、そこには何の矛盾もない。「世界五分前仮説」を反証することは不可能なのである。

ボストロムの「シミュレーション仮説」やラッセルの「世界五分前仮説」には、笑い飛ばして忘れてしまうわけにはいかない、重要な示唆が含まれている。反証できない思考実験というだけでなく、幾ばくかの現実性があるからだ。

今、あなたには意識がある。でも、その意識は（あなたが昨晩徹夜していなければ）今日の朝から始まったものだ。私たちは毎日のように眠る。眠っていても、夢を見ているときなどは意識があるけれど、意識がないときもあるだろう。つまり、私たちの意識は、ずっと連続しているわけではない。眠っているときに、意識は途切れる。昨日の意識と今日の意識のあいだには断絶があるのである。私たちは、死んだら意識がなくなる。そういう意味では、眠っているあいだは死んでいるのと同じである。意識だけに注目すれば、眠るたびに死んで、起きるたびに生まれているといってもよいだろう。

昨日の記憶から、今日の自分へと連続している

しかし、私たちは、そんな風には感じていない。自分という存在に連続性を感じている。昨日も今日も同じ自分が生きている、あるいは、昨日の意識と今日の意識は同じ自分の意識である、そう感じているわけだ。

その理由は、昨日のことを記憶しているからだ。寝ているあいだに意識がなくなっても、脳の物質的な構造は保存されており、その物質的な構造の中に記憶が蓄えられている。そのため、朝がきて意識が生じると、昨日の記憶を意識が参照して、昨日も今日も同じ自分だという連続性を感じるのだ。ある意味、私たちは毎朝、世界五分前仮説を経験していることになる。したがっ

て、連続性の根拠は、意識ではなく脳の物質的な構造にある。それについては少し想像を逞しくして、こんなことを考えるとわかりやすいかもしれない。

もしも、昨日のあなたの意識が、今日は私の体に飛んできて、私の意識になったとしよう。でも、私の意識になった以上は、私の脳の記憶を参照するので、その意識は昨日も私の意識だったように感じるだろう。そして、あなたの意識だったことは、きれいさっぱり忘れてしまうに違いない。

もちろん実際の意識というものは、こんな風に人から人へと移れるような、魂のような存在ではないだろう。脳の物質的な構造が生み出すものだと考えられる。

ただ、ここで重要なことは、おそらく意識自体には連続性がなく、毎朝、新たに生まれてくるということだ。それは、新しく生まれた生命に、新たに意識が生じるのと基本的には同じである。私たちは、意識に関するかぎり、毎晩死んで、毎朝生まれてくるのである。

現実よりはるかに多いシミュレーション上の生死

新しく生まれた生命の意識と、朝起きた意識との違いは、脳に昨日の記憶があるかないか、ということだけだ。もし、そうだとすれば、ヒトは一生のあいだに何度も何度も（80歳以上生きるとすれば約3万回も）生と死を繰り返していることになる。

そう考えると、ボストロムのシミュレーション仮説は、ますます強力になっていく。現実の住民よりシミュレーション上の住民のほうが、数が多いというだけでなく、生きている時間も短くて済むからだ。かならずしも織田信長の一生を最初から最後までシミュレーションする必要はなく、好きな時期だけシミュレーションすればよいのである。そうであれば、シミュレーションはますます手軽に行えるようになり、ますますシミュレーションの回数は増えていくだろう。

それにもかかわらず、シミュレーション上の織田信長は、（本当は5分前に生まれたかもしれないのに）物心がついたときからの記憶を持っているので、自分が何十年も生きてきたことを露ほども疑っていないのである。

宇宙の知的生命体が5分前にシミュレーションを始めたことによって、あなたは5分前にシミュレーション上で生まれたのかもしれない。もちろん、何十年も生きてきたかのような架空の記憶を持たされているので、5分前に生まれたことにあなたは気づいていない。あなたはラッセルやボストロムの手のひらの上で、踊らされているだけなのかもしれないのである。

意識は「手段」ではなく、「目的」だった

進化の主要なメカニズムである自然淘汰は、生存や繁殖に有利な形質を進化させる。もしも、「足が速い」ことが生存や繁殖に有利ならば、「足が速い」という形質を進化させるわけだ。ここ

で、「生存や繁殖をすること」をざっくり「生きる」と表現すれば、「生きる」という目的のために「足が速い」という手段が進化することになる。

意識が進化の過程で生じてきたことはほぼ間違いないが、意識にどういうメリットがあるのかは、よくわかっていない。

「生きる」という目的のために「意識」という手段が進化するためには、「意識」に何らかのメリットがなければならないが、そのメリットがどうもよくわからないのだ。「柔軟な学習や行動を可能にする」など、いろいろなメリットが提案されてはいるが、決定的なものはないように思える。

しかし、メリットとは別に、決定的なことが一つある。それは、「意識」には、自己保存に対する強烈な欲求があることだ。私たちにしても、生きたいと思うのは「生物学的に生きたい」のではなく「意識を存続させたい」からではないだろうか。「生物学的に生きる」ためには、必ずしも脳はいらない。脳が死んでも、心臓が動いていれば、生物学的には生きていることになる。でも、それは私たちの願いではないはずだ。むしろ、体は滅んでも、魂のようなものになって「意識を存続させたい」と願うのではないだろうか。

もしかしたら、意識のメリットがよくわからない理由は、意識を手段と考えたからかもしれない。「生きる」という「目的」のために「意識」という「手段」が進化したのではなく、「意識」

も「生きる」と同様に「目的」なのかもしれない。

そうであれば、意識は、脳が一定の構造を持つと不可避的に生じてしまう可能性が高い。「生きる」ための手段としてではなく、つまり「生きる」ために有利とか不利とかに関係なく生じるためには、そう考えるのが自然だろう。その結果、宇宙の知的生命体が精密なシミュレーションを行うと、その住民にも不可避的に意識が生まれてしまうかもしれないのだ。

私たちは、宇宙の知的生命体が面白半分で行った無責任なシミュレーション上の住民かもしれない。シミュレーション上の住民である私たちは、「意識」のために進化して、宇宙の知的生命体を喜ばしているのだろうか。とはいえ、あまりそういうことを考えても、詮無いことかもしれない。たとえ、私がシミュレーション上の存在でも、たとえ5分前に生まれたとしても、別に何が変わるわけでもない。普段どおりに生きていくしかないのだから。

ヒトは進化に抗うことができるのか

『エースをねらえ！』に登場する「地獄と極楽」

『エースをねらえ！』という山本鈴美香氏のマンガがある。半世紀ほど前に連載されていたもので、岡ひろみという女の子が高校に入ってからテニスを始めて、世界のトップを目指して駆け上がっていくマンガである。当時のテニスブームを引き起こした人気マンガとしても知られている。

その『エースをねらえ！』で、岡ひろみを指導する人物として、宗方コーチが登場する。彼は含蓄深いことをいろいろと言う人で、私の中学校の友人は宗方コーチの言葉をまとめた「宗方語録」なるものを作っていたほどだ。その宗方コーチの親友（ややこしくてすみません）が、マンガの中で話したたとえ話に、こんなものがあった。

図6－9
『エースをねらえ！』（山本鈴美香・作、集英社、単行本10巻）

地獄では、ご馳走がものすごく大きな皿に山盛りになっている。ところが、それを食べるための箸もものすごく長いので、ご馳走を自分の口に入れることができない。そのため、地獄に落ちた人々は、いつも飢えていて世界中を呪っているという。

それでは、極楽はどうかというと、じつは極楽にも同じものが置いてある。ところが、極楽の人々は飢えることがない。なぜなら、極楽の人々は、ものすごく長い箸でご馳走を挟むと、「まず、あなたからどうぞ」と、皿の向こう側にいる人の口にご馳走を入れてあげるからだ。そのため、極楽の人々はいつも満ち足りていて、仲良くくらしているのである。

もちろん、これは架空の話だが、こういう極楽の人々は、実際に存在し得る可能性がある。

巨大なお皿とご馳走、そしてものすごく長い箸を準備することは、技術的には難しくないし、「食事のときは、長い箸を使って、向かい側に座った人の口に食べ物を入れてあげましょう」というルールを決めて共同生活を送ることも、決して不可能ではない。たとえば、どこかの島を買い上げて、こういう地上の極楽を作ろうと思えば、（あまり現実的ではないけれど、一応）作ることは可能なはずだ。

進化は地上の極楽を作り出すことができるのか

ところで、地上の極楽を私たちの意思で作ることは一応可能だとして、そういう人々を進化で作り出すことも可能だろうか。極楽にいるような人々を進化させるためには、利他行動を進化させなければならないけれど、そういうことはできるのだろうか。

生物は自然淘汰によって、子の数（正確には繁殖年齢に達する子の数）を増やすように進化する。周囲の環境に適応するように進化すると、子の数も増えることが多いので、「生物は自然淘汰によって周囲の環境に適応するように進化する」という言い方をすることもある。この適応の程度を「適応度」という。適応度を数値で表す場合は「ある個体が産んだ子のなかで繁殖年齢に達した子の数」で表すことが多い。

自然淘汰は、たいてい個体の適応度を上げるように働く。しかし、ある個体が持つ形質に自然淘汰が働いたとき、その影響が及ぶのは、その個体の適応度だけとはかぎらない。その個体の血縁者の適応度に影響を与えることもある。このような場合、自然淘汰は、その個体だけでなく、その血縁者も含めた適応度に対して働くと考えられる。こういう自然淘汰を「血縁淘汰」という。この血縁淘汰によって、利他行動が進化する場合があるのである。

血縁者のための利他行動とは

ある個体が利他行動をしたために、血縁者の適応度がAだけ増加し、一方その個体自身の適応度はBだけ減少したとする。このとき、両者の血縁度をrで表すと、以下の値がプラスの場合は利他行動が進化すると考えられている。

$$Ar-B$$

血縁度rは「近い祖先から受け継いだ遺伝子の共有率」のことで、私たちヒトの場合、親子の血縁度は2分の1、兄弟姉妹も2分の1、祖父母と孫なら4分の1になる（血縁度の定義は複数あり、これはそのうちの一つである）。

$Ar-B$をプラスにすることはけっこう難しく、かなり重要なことで血縁者を助けたり、かなり多くの血縁者に尽くしたりしなければ、プラスにすることはできない。しかし、そうはいっても、血縁淘汰によって利他行動が実際に進化した例は、いくつも報告されている。

それでは、地上の極楽に話を戻そう。地上の極楽は、この血縁淘汰によって作り出すことが可能だろうか。さきほどの地上の極楽に住んでいる人々は、とくに血縁者である必要はない。ルールを守ってくれる人ならば誰でもよいのだ。もしも地上の極楽に住んでいる人々が血縁関係にないのであれば、血縁淘汰による進化で地上の極楽を作ることは難しそうである。

「血縁淘汰」以外の方法で、利他行動は進化するか?

血縁淘汰で地上の極楽を作ることが無理でも、もしかしたら別の方法で作ることができるかもしれない。その方法とは「集団のための進化」である。

「生物は、自身の種を保存するように進化する」という意見を聞くことはわりと多い。たとえば、サケは川で生まれてから海に下り、そこで数年を過ごす。その後、産卵期になると、ふたたび川に上ってオスとメスでつがいを作り、産卵と放精を行う。

その後まもなく、多くの個体は死んでしまう。このように、生涯に1回しか繁殖をしない生物は他にもいるが、これは一見、個体ではなく種のために進化した行動のように思える。しかし、本当にそうだろうか。

サケのメスは、砂利の下に卵を産むことが多い。しかし、別のサケが卵を産もうとして同じ場所にやってくると、先に産んであった卵を退けてしまう。そして、退けられた卵は死んでしまうのだ。もしも先に卵が産んである場所を避け、少し条件が悪くても別の場所で産卵すれば、種全体としての出生率は上がるはずだ。しかし、そうはしないのである。また、オス同士も、少しでも多くの卵を自分の精子で受精させるために、激しい闘いを繰り広げて消耗してしまうことがしばしばある。

これらの行動は、明らかに自分の子孫を増やすための利己的な行動であって、種を保存させるための利他的な行動とは考えにくい。

アミメアリがコロニーを維持できる理由

種のための進化はほとんど存在しないと考えられるが、種より小さくて明確な単位である集団のための進化なら、少数ながら確認されている。

たとえば、日本に生息するアミメアリのコロニーには、女王はいないが大型のアリと小型のアリがいる。小型のアリはいわゆる働きアリで、労働も産卵も行う。一方、大型のアリは労働を行わず、小型以上に多くの卵を産む。大型のアリは子をたくさん残すので、コロニーの中で割合を増やしていく。しかし、そういうコロニーでは小型のアリが減少するため、コロニー全体としてのエサの獲得量は減少してしまう。

図6－10　アミメアリ（写真：ふうけ）

その結果、大型のアリの多いコロニーは縮小したり消失したりする。つまり、大型のアリは、個体レベルの適応度は高いが、コロニーレベルの適応度は低く、小型のアリは、個体レベルの適応度は低いが、コロニーレベルの適応度は高いと考えられる。

そして、実際のアミメアリでは、小型のアリも大型のアリも絶滅することなく維持されている。そうであれば、小型のアリは、集団を単位とした自然淘汰（集団淘汰）によって維持されている可能性が高い[*]。このように、個体にとっては損失だが、集団にとっては利益となる性質が進化することは、条件が揃えば可能である。

地上の極楽は集団淘汰によって進化できない？

それでは、地上の極楽に話を戻そう。地上の極楽は、この集団淘汰によって作り出すことが可能だろうか。

仮に、最初は箸が短かったとしよう。箸が短ければ、ご馳走を自分の口に運ぶことができる。しかし、箸が長くなったので、ご馳走を他人の口に運ぶわけだ。箸の長さによって変化するのは

図６－11
『エースをねらえ！』（山本鈴美香・作、集英社、単行本10巻）

「誰の口に運ぶか」ということだけで、地上の極楽全体で考えた場合「口の中に入るご馳走の総量」に変化はない。

　したがって、地上の極楽の状況は、個体にとっては損失だが、他人にとっては利益で、集団にとっては損失にも利益にもならない状況だ。もしも集団にとって利益になれば、たとえ個体にとっては損失でも、集団淘汰によって進化する可能性がある。しかし、集団にとって（損失にもならないけれど）利益にならないのであれば、地上の極楽が集団淘汰によって進化することは難しそうである。

私たちは進化に抵抗することができる

血縁者の利益にもならず、集団にも利益にならないような地上の極楽を、進化によって作り出すことは難しそうだ。ところが、私たちは、作ろうと思えば地上の極楽を作ることができる。それはなぜだろうか。

その理由は、私たちの日々の行動は、かならずしも進化によって規定されていないからだ。それどころか、幸せになろうとする私たちの行動に、自然淘汰による進化が対立することは非常に多い。

たとえば、子を作るか作らないかは個人の自由であり、そういう意思の一環として避妊をしたとすれば、それは自然淘汰による進化と真っ向から対立する行為となる。食事にしても、進化的にはバランスの取れた栄養さえ摂れればよいのであって、洗練された味を追求する行為は無駄である。そういうことを言い出せば、医学の多くの部分は進化に対する反逆行為になってしまう。

もちろん、それでよいのである。成人病の予防のように、進化と折り合いをつけながら生活しなければならない部分もあるけれど、その一方で、進化とは関係のない部分も生活にはたくさんある。そして、進化には手の届かない境地に至る可能性だって、私たちは持っているのだ。

『エースをねらえ!』に描かれていた極楽はその一つだろう。

（＊）Tsuji, K. (1995) Reproductive conflicts and levels of selection in the ant *Pristomyrmex pungens*: Contextual analysis and partitioning of covariance. *The American Naturalist*, 146, 586 - 607.

サルからヒトへ。進化の「ミッシング・リンク」はなぜ見つからないのか

存在の偉大な連鎖

中世から近代初期にかけて、西洋のスコラ哲学者たちは、世界の多様性を説明する仕組みとして、「存在の偉大な連鎖」を考えていた。それは世界の多様性を、石ころから天使へと上っていく階級制度に置き換えたものだ。存在の偉大な連鎖において、ヒトは動物の中では一番上だが、天使よりは下に位置している。

この存在の偉大な連鎖は、「神は存在しうるものすべてを創造した」という世界観に基づいている。つまり、この世には、存在できるものすべてが存在し、欠けたものはないということだ。そういう存在が鎖の中で隣り合っている存在はお互いによく似ていて、ほんの少し違うだけだ。そういう存在が途切れなくつながって、この世界を満たす多様性を作っているというのである。

だから、隣同士の存在は、よく似ているはずなのだ。ところが、ヒトの両隣は、天使とサルである。天使はともかく、ヒトの隣がサルのような卑しい動物であるはずがない。ヒトの隣にしては、サルはあまりに下等すぎる。きっと、ヒトとサルのあいだには、まだ存在があるに違いない。「神は存在しうるものすべてを創造した」のだから、その存在はまだ見つかっていないだけなのだ。そうして、その存在（に当たる動物）は、ミッシング・リンクと呼ばれるようになった。

しかし残念なことに、ミッシング・リンクは何世紀もずっと見つからなかった。そのうちに「存在の偉大な連鎖」自体の地位が揺らいできた。19世紀になると、生物の多様性を説明する仕組みとして、進化にその地位を明け渡すことになったからだ。それでも、ミッシング・リンクという言葉は生き残った。とはいえ、いわばミッシング・リンクの住んでいた家が、「存在の偉大な連鎖」から「進化」に変わったのだから、ミッシング・リンクの意味も当然変化した。

今では、Aという生物からCという生物が進化したと考えられるにもかかわらず、その中間の生物の化石が見つかっていないときに、その見つかっていない生物をAとCのミッシング・リンクと呼ぶ。つまりA→B→Cと進化したとして、Bが化石として見つかっていないときに、BをAとCのミッシング・リンクと呼ぶのである。

ところが、このミッシング・リンクは、誤解を生む言葉になってしまった。だって考えてみれば、ミッシング・リンクなんか見つかるわけがないのである。

四肢動物の進化

私たちは陸上に棲んでいる脊椎動物である。陸上に棲んでいる脊椎動物は、大きく4つのグループ（両生類、爬虫類、鳥類、哺乳類）に分けられる。これらの多くは肢が4本なので、まとめて四肢動物と呼ばれる。

一方、水中に棲んでいる脊椎動物の多くは魚類である。魚類のなかには肉鰭（にくき）類というグループがあり、シーラカンスやハイギョが含まれる。四肢動物は、このハイギョの仲間から進化したことがわかっている。

肉鰭類から四肢動物が進化したのは古生代のデボン紀（約4億1900万前－約3億5900万年前）である。肉鰭類から四肢動物が進化するにあたって、体の構造がいくつも変化した。ここでは、その中の2つだけを考えよう。

まずは鼻腔（びこう）だ。鼻腔とは、鼻の中の空間のことで、もともとは行き止まりの穴だった。しかし、エウステノプテロンというデボン紀の肉鰭類では、この鼻腔が口につながっている。これは、肺に空気を送るための通路として使えるので、便利な構造だ。

その後、イクチオステガという四肢動物がデボン紀の終わりごろに現れた。このイクチオステガは、陸上を歩くことができたと考えられている。その根拠の一つは、尾鰭（おびれ）が小さいことだ。もし尾鰭が大きい動物が陸上を歩いたら、尾鰭が地面に擦れて、ボロボロに破れてしまうからだ。このように、鼻腔と口がつながり、尾鰭が小さくなるという進化を経て、今の私たちがいるのである。

さて、いま述べたハイギョとエウステノプテロンとイクチオステガとヒトの関係を、系統樹で表してみよう。鼻腔が行き止まりだった祖先から、鼻腔と口がつながったエウステノプテロンが進化して、それから尾鰭が小さくなったイクチオステガが進化して、それから完全に陸上生活に適応したヒトが進化した。だから、系統樹は図6－14（A）のようになるはずだ。つまり、イクチオステガはヒトの祖先で、エウステノプテロンはイクチオステガの祖先ということになる。

仮にイクチオステガの化石が見つかっていなかったとしたら、イクチオステガがミッシン

図6－12　エウステノプテロンの復元模型
（シュトゥットガルト国立自然史博物館／Dr. Günter Bechly）

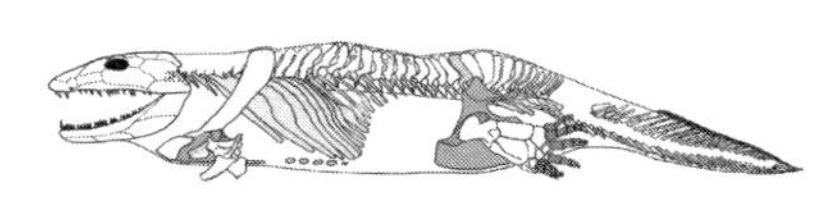

図6－13　イクチオステガの骨格復元図
（Per E. Ahlberg［2018］より）

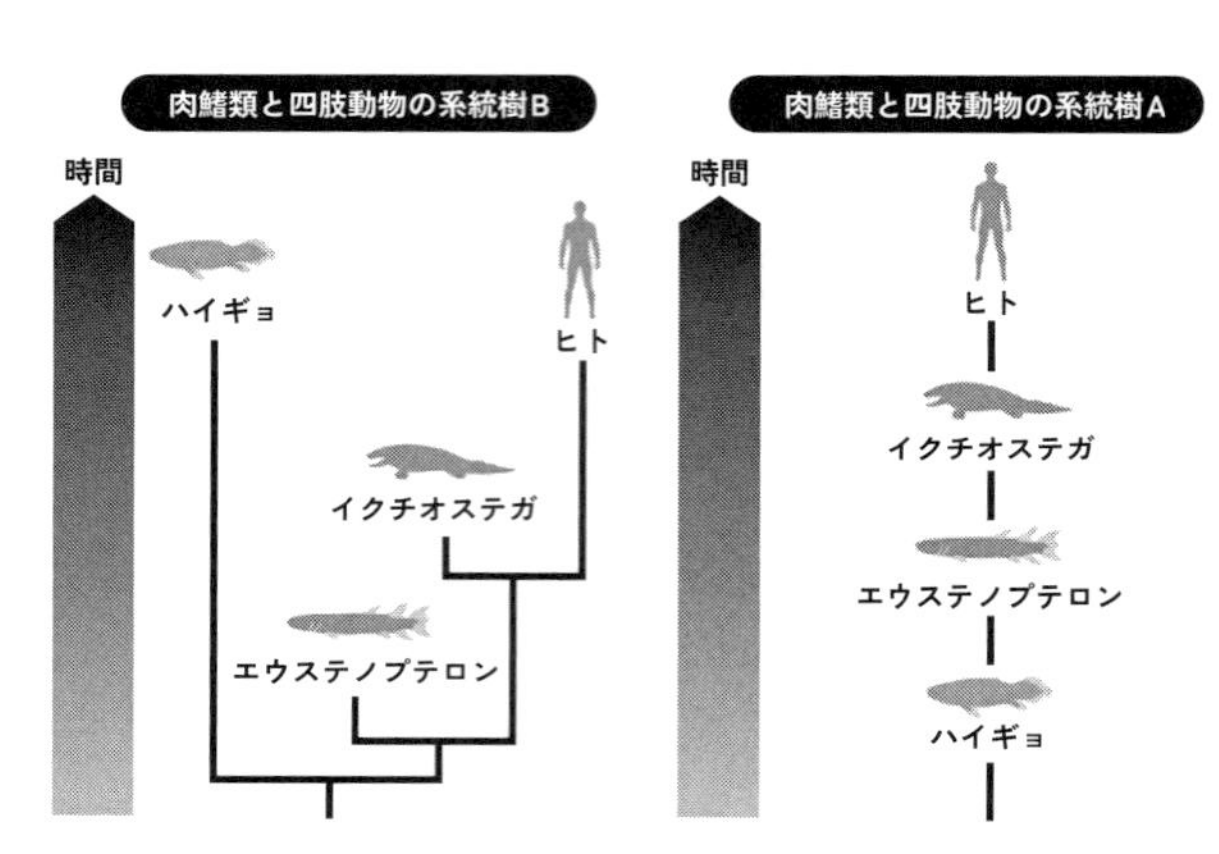

図6－14
ハイギョ、エウステノプテロン、イクチオステガ、ヒトの関係

グ・リンクになる。ヒトとエウステノプテロンのあいだのミッシング・リンクだ。

でも、なんだか変な気がする。図6－14（A）のような進化なんて、本当にあるのだろうか。

ミッシング・リンクは見つからない

現在の四肢動物は2万種以上いるが、それらはすべて、ただ1種の肉鰭類から進化したと考えられる。デボン紀に肉鰭類が何種いたかはわからないが、化石として発見されたものが、ほんの一部にすぎないことは確かである。

現生の魚類は3万種以上発見されており、しかもこれからも新しい種が発見されるだろう。仮に、現在の生物多様性とデボン紀の生物多様性が似たようなものだったとすれば、デボン紀に繁栄していた肉鰭類が数千種ぐらいいてもおかしくない。その中のたった1種からすべての四肢動物は進化したのである。そのたった1種の化石が見つかる確率は非常に低い。まあ、宝くじに当たるようなものだろう。

したがって、たとえばエウステノプテロンは、四肢動物の祖先の近縁種であって、直接の祖先ではないと考えるのが妥当である。そのため、肉鰭類の系統樹を図6‐14（A）のように書くのは不適切で、図6‐14（B）のように書くべきなのだ。

さらにいえば、四肢動物の直接の祖先である化石が運よく見つかったとしても、その化石が四肢動物の直接の祖先なのか、その近縁種であって直接の祖先ではないのか、を決める手段を私たちは1つしか持っていない。それは化石からDNAを抽出して、ゲノムを解析することだ。ただし、この手法は、時代が新しくてたくさん見つかる化石にしか使えない（たとえば最近数千年間のヒトの移動などは、この方法で詳細が明らかにされつつある）。今回のようなデボン紀の化石は古すぎて、この方法を使うことができないのだ。

つまり、直接の祖先が見つかる可能性はものすごく低いうえに、万一見つかったところで、それが直接の祖先だと知るすべがない。だから私たちは、そもそもミッシング・リンクを見つけることはできないのだ。

進化の跡を辿るにはどうすればよいか

祖先を見つけることができないのなら、私たちはどうすればよいのだろう。化石を使って、生物の進化の跡を辿ることは、そもそも無理なのだろうか。

もちろん、そんなことはない。直接の祖先の化石は見つからなくても、直接の祖先と形質を共有している近縁種の化石を見つければ十分だ。そういう近縁種の化石を調べることによって、私たちはさまざまな進化の道筋を知ることができるのだ。たとえば、四肢動物が進化するのに先立って、鼻腔が口につながったり、尾鰭が小さくなったりしたことを、知ることができる。それを知るために、直接の祖先の化石を見つける必要はないのである。

私たちは過去のことを考えるとき、つい現在との違いにばかり注目してしまう。でも、同じところだってたくさんあるのだ。たかだか数億年前の地球なら、生物の多様性は今と同じぐらい高かっただろう。ものすごくたくさんの種が生きていたことだろう。そんななかで、直接の祖先となった、たった1種を見つけるなんてほぼ不可能だ。でも、それでもかまわないのである。

あとがき

科学技術は日進月歩で進歩していく。それを身に染みて感じるのは、ＤＮＡの塩基配列を解析するときだ。

私が学生のころは、放射性同位体を使って、塩基配列を解析していた。大学の中に、ドアに髑髏（どくろ）マークの付いた部屋があり、その中でガイガーカウンターを使って被曝したかどうかをチェックしながら、実験をするのである。体に悪いこと、このうえない。その後、放射性同位体を使わないで実験ができるようになったり、ＰＣＲ法が開発されて解析速度が速くなったりして、技術の進歩に感心したものだった。ところが、今では、次世代シークエンサーが開発されたことにより、それ以前と比べて塩基配列を読む速度は１０００倍に、掛かる費用は１万分の１になったと言われることもある。

こういう技術の進歩や新しい化石の発見、そして仮説について理論的な整備が進んだことにより、進化論の世界も大きく変わった。私が学生のころの進化論と現代の進化論は別物のように感じることもある。

そんな中で、ダーウィンの唱えた進化のメカニズムとしての自然淘汰説は、不思議なくらいまったく揺るがずに、進化論の中心を占め続けている。おそらくこれから先も、自然淘汰の重要性が損なわれることはないだろう。

この世には、変化するものもあれば、変化しないものもある。そんなことを頭の片隅で考えながら、書かせて頂いたのが本書である。読者の方に少しでも楽しんで頂けたら、著者としてそれに勝(す)ぐる喜びはない。

最後になりましたが、多くの助言をくださった講談社の柴崎淑郎氏、そのほか本書をいい方向に導いてくださった多くの方々、そして何よりも、この文章を読んでくださっている読者諸賢に深く感謝いたします。

２０２４年12月　更科　功

【わ行】

【ま行】

【や行】

【ら行】

【は行】

【な行】

【た行】

【さ行】

【か行】

さくいん

N.D.C.460　299p　18cm

ブルーバックス　B-2282

世界一シンプルな進化論講義
生命・ヒト・生物――進化をめぐる6つの問い

2025年 1 月20日　第 1 刷発行
2025年 3 月 7 日　第 2 刷発行

著者　更科 功
発行者　篠木和久
発行所　株式会社講談社
〒112-8001　東京都文京区音羽2-12-21
電話　出版　03-5395-3524
販売　03-5395-5817
業務　03-5395-3615
印刷所　(本文印刷) 株式会社新藤慶昌堂
(カバー表紙印刷) 信毎書籍印刷株式会社
製本所　株式会社国宝社

定価はカバーに表示してあります。

ISBN978－4－06－538292－9

発刊のことば

科学をあなたのポケットに

二十世紀最大の特色は、それが科学時代であるということです。科学は日に日に進歩を続け、止まるところを知りません。ひと昔前の夢物語もどんどん現実化しており、今やわれわれの生活のすべてが、科学によってゆり動かされているといっても過言ではないでしょう。

そのような背景を考えれば、学者や学生はもちろん、産業人も、セールスマンも、ジャーナリストも、家庭の主婦も、みんなが科学を知らなければ、時代の流れに逆らうことになるでしょう。

ブルーバックス発刊の意義と必然性はそこにあります。このシリーズは、読む人に科学的に物を考える習慣と、科学的に物を見る目を養っていただくことを最大の目標にしています。そのためには、単に原理や法則の解説に終始するのではなくて、政治や経済など、社会科学や人文科学にも関連させて、広い視野から問題を追究していきます。科学はむずかしいという先入観を改める表現と構成、それも類書にないブルーバックスの特色であると信じます。

一九六三年九月

野間省一